Attila Furján

Sistema de Informação de Artilharia Antitanque e de Comando e Controlo

Attila Furján

Sistema de Informação de Artilharia Antitanque e de Comando e Controlo

ScienciaScripts

Cover image: www.ingimage.com

This book is a translation from the original published under ISBN 978-3-659-57910-3.

Publisher:
Sciencia Scripts
is a trademark of
Dodo Books Indian Ocean Ltd. and OmniScriptum S.R.L publishing group

120 High Road, East Finchley, London, N2 9ED, United Kingdom
Str. Armeneasca 28/1, office 1, Chisinau MD-2012, Republic of Moldova, Europe
Printed at: see last page
ISBN: 978-620-8-10340-8

ÍNDICE DE CONTEÚDOS

"Não é vergonha aprender com aqueles que sabem mais, vergonha é prender-se à ignorância e não aprender."

Zrinyi Miklos
Poeta e general húngaro

Introdução

Neste artigo, gostaria de apresentar as especificidades ***da aplicação e das tarefas da artilharia antitanque****, talvez numa abordagem ligeiramente diferente. Em seguida, apresento um breve corte transversal de um sistema de informação de comando e controlo tático-operacional desenvolvido através de investigação científica e trabalho de desenvolvimento, destacando a capacidade do subsistema funcional de mira. Gostaria de dar uma breve ideia da eficácia da aplicação conjunta do sistema de gestão "TOPCCIS" desenvolvido na Hungria e do sistema de simulação "Baglyas" no sistema de ensino superior militar húngaro. Estou confiante de que, com este estudo, aqueles que se interessam pelas ciências e tácticas militares obterão informações úteis e que ajudarão a alargar os seus horizontes e a desenvolver o seu pensamento militar.*

O combate antitanque é definido como o combate contra os tanques do inimigo e outros equipamentos blindados, veículos. As suas tarefas associadas incluem o encerramento de direcções, flancos e cruzamentos em perigo. A antitanque é a parte do combate de armas combinadas que é dirigida contra os tanques agrupados para o ataque ou já em ataque direto, e o equipamento blindado destacado para a sua formação de batalha. Para um combate bem sucedido, é necessária a organização de um sólido sistema antiblindado, que inclui as unidades antitanque como elemento básico.

Para operar exércitos modernos, é vital introduzir um sistema técnico de informação que apoie e automatize certos elementos do complicado processo de comando e controlo. Este apoio e automatização devem abranger todos os níveis de planeamento, execução, comando-controlo e supervisão. O requisito básico para este sistema é que seja capaz de assegurar a capacidade de cooperação entre tropas e forças, bem como entre as forças aliadas da NATO.

Em todos os casos, um comando operacional deve ser realizado na área de operação e responsabilidade com elementos de direção que tenham uma influência direta nas operações e na atividade de combate e sejam capazes de reagir rápida e operacionalmente às mudanças reais da situação e, a fim de apoiar as operações e a atividade de combate, sejam capazes de assegurar as forças e os meios necessários, reconhecendo em tempo útil as mudanças na situação. Os sistemas de comando e controlo no terreno satisfazem estes requisitos.

1. A aplicação e as tarefas da artilharia antitanque no combate de armas combinadas

"O apoio de fogo é a utilização colectiva e coordenada de informações sobre alvos, armas de lançamento indireto, aeronaves armadas, outros meios letais e não letais e modos de apoio do plano de batalha." [1] Esta definição mostra que, de acordo com os princípios da NATO, as armas de artilharia antitanque de lançamento direto não fazem parte do apoio de fogo. Nas forças armadas dos países membros mais antigos da NATO, as unidades antitanque pertencem diretamente às forças de manobra e a sua operação é planeada e as tarefas são atribuídas pelo comandante e pelo estado-maior da força de manobra.

As actividades das unidades antitanque fazem parte do sistema antitanque; por conseguinte, não operam de forma independente, mas cooperam sempre com outras unidades de armas combinadas. Uma das tarefas mais importantes dos Comandantes de Armas Combinadas é organizar o sistema antiblindagem, incluindo o planeamento das operações de combate das unidades antitanque.

Nas Forças de Defesa Húngaras, as unidades antitanque pertencem tradicionalmente às armas de artilharia. Aqui surge alguma contradição, uma vez que as armas de lançamento direto - de acordo com o conceito da NATO - não pertencem ao apoio de fogo. Como devemos interpretar isto, e como devemos planear e utilizar unidades de artilharia antitanque na prática? Após uma consulta na sessão do Grupo de Trabalho de Artilharia da NATO, foi-nos assegurado que, no contexto do planeamento e aplicação nacionais, as forças de artilharia antitanque podem ser consideradas como parte do apoio de fogo. No caso de uma operação planeada e executada no âmbito de uma formação da NATO, as forças de artilharia antitanque serão consideradas como forças de manobra e a sua aplicação será planeada pelo Comandante da Força Conjunta e pelo seu pessoal como um grupo de manobra antitanque. Trata-se, sem dúvida, de uma particularidade que não devemos temer, tal como existem outras particularidades de armamento, diferenças em vários países membros da NATO.

Palavras-chave: artilharia antitanque, antiblindados, capacidade de fogo, área de montagem tática, área de implantação, manobra, formação de batalha.

Caraterísticas, capacidades de combate da artilharia antitanque

Caraterísticas da artilharia antitanque

Gama

O alcance dos mísseis guiados perfurantes é determinado pela sua distância máxima de lançamento e pela distância da linha de fogo - influenciada pelo terreno em frente das suas posições de disparo. O ideal é que o alcance seja o mesmo que a distância máxima de lançamento.

Exemplo: A distância máxima de lançamento do míssil guiado blindado de combate KONKURSZ é de 4 km.

Existe uma colina (ou uma floresta alta, uma fila de árvores, etc.) em frente da posição de tiro a uma distância de 3 km. Nesse caso, o alcance da máquina de combate KONKURSZ será de 3 km.

Capacidade de incêndio

A capacidade de fogo da artilharia antiblindada é determinada pela quantidade, tipos e eficácia de combate dos seus meios antitanque.

A avaliação da eficácia de combate dos meios antitanque baseia-se na capacidade do tipo de equipamento antitanque de determinar o número de alvos atacantes, defensores, móveis, fixos, blindados - localizados num abrigo ou numa área aberta - que se espera que destruam antes de serem destruídos, em circunstâncias especificadas (ataque, defesa, a partir de um abrigo ou de uma posição aberta, etc.).

A eficácia de combate de um dispositivo antitanque contra um determinado tipo de alvo blindado é determinada pelos seguintes factores, tendo em conta as contra-acções mútuas:

- alcance (distância máxima de lançamento, alcance em branco);
- probabilidade de acerto num alvo de uma determinada dimensão (tanque, dispositivo antitanque);
- eficácia do projétil (poder de penetração da armadura, zona de destruição);
- a probabilidade de destruir o alvo em caso de acerto;
- taxa de queima;
- proteção (em abrigo, em espaço aberto, blindado ou não blindado);
- o tipo de operação de combate (ataque, defesa);
- situação (fixa, móvel), capacidade de manobra;
- oculto ou exposto a reconhecimento;
- que precede a abertura de fogo;
- outros factores (por exemplo, competências dos operadores, condições meteorológicas, de visibilidade, do terreno, etc.).

Como o potencial de destruição de diferentes tipos de alvos blindados é diferente de caso para caso, os profissionais da artilharia definiram uma unidade de alvos blindados, a chamada Unidade de Tanques, para a determinação da eficácia do combate.

A *unidade de tanque* é um tanque com caraterísticas e capacidades de combate pré-definidas, cuja vulnerabilidade é utilizada como base para determinar a vulnerabilidade dos tanques, veículos blindados, etc., com diferentes capacidades de combate.

Nas estimativas, os tanques que foram padronizados antes de 1980 (T-55, T-62, T-72, Leopard-1, etc.) são considerados equivalentes a uma unidade de tanque; os tanques produzidos depois de 1980 (T-80, Leopard-2, Abrams M-1, etc.) valem 2 unidades de tanque; enquanto os transportadores blindados, veículos de combate de infantaria, máquinas de mísseis guiados perfurantes são considerados 0,7x unidade de tanque.

O indicador da eficácia de combate dos meios antitanque é o fator de eficácia de combate.

O fator de eficácia de combate (Quadro 1) é a medida do número de unidades tanque de alvos blindados que se espera que o dispositivo antitanque destrua antes de ser ele próprio destruído. Os valores dos factores de eficácia de combate diferem dependendo do tipo de operação de combate, da situação dos meios antitanque e do equipamento blindado do inimigo, e da forma como estes são protegidos.

Fator de eficácia de combate dos meios antitanque

Antitank assets	Values of tactical calculations (in a concrete case)					Medium values of tactical calculations	
	Defending		Attacking		Meeting engagement	Defending	Attacking
	Own antitank asset, situation		Enemy tanks situation		Open	Own antitank assets situation	Enemy tanks situation
	covered	open	covered	open	Open	Covered 2/3 Open/1/3	Covered 2/3 Open/1/3
SPG—9	1.5	1.2	0.7	1.0	1.2	1.4	0.8
FAGOT, METISZ	2.0	1.5	1.0	1.3	1.5	1.8	1.1
MALJUTKA	2.5	2.0	1.0	1.5	2.0	2.3	1.2
KONKURSZ	2.8	2.3	1.2	1.7	2.3	2.6	1.4
100 mm antitank gun	2.0	1.5	1.0	1.3	1.5	1.8	1.1
RPG—7	0.3	0.2	-	0.2	0.2	0.25	0.1
BMP (Guided AP M.)	2.0	1.5	1.0	1.3	1.5	1.8	1.1
T—55, T—62 tank	2.0	1.5	1.0	1.3	1.3	1.8	1.1
T—64, T—72 tank	2.8	2.0	1.5	1.6	1.7	2.5	1.5

Quadro 1: Fator de eficácia de combate dos meios antitanque **[2]**

A capacidade de fogo da artilharia antitanque (capacidade antiblindagem) pode ser expressa como a quantidade de alvos blindados que um determinado grupo antitanque - em condições normais - é capaz de destruir durante a batalha, ou o ataque que o grupo é capaz de rejeitar numa situação de combate concreta.

A capacidade de fogo das unidades antitanque pode ser expressa pela seguinte fórmula:

$FCTU = \Sigma^{i}\ n = 1\ ni \times CEFi$

Onde:

FCTU - a capacidade de fogo da unidade antitanque em unidades de tanque;

ni - é o número de meios antitanque do tipo (i.);

CEFi - o fator de eficácia em combate do (i.) tipo de equipamento antitanque.

Exemplo: A capacidade de fogo de uma bateria de mísseis guiados perfurantes KONKURSZ na defesa, a partir de uma área de projeção preparada (a partir de um abrigo).

FCTU = 8 unidades de mísseis AP guiados KONKURSZ x 2,8 = 22,4 TU

O resultado deste exemplo significa***, por um lado***, que uma bateria KONKURSZ é - teoricamente, até que a última máquina de combate KONKURSZ seja destruída - capaz de destruir 22 TU de alvos blindados a partir de um abrigo, em caso de operações de defesa, ***por outro lado***, que a bateria KONKURSZ é capaz de rejeitar o assalto de um grupo blindado equivalente a 22 TU com uma probabilidade elevada (90%) e causar uma perda mínima de 50% a esse grupo numa situação concreta, de cada vez.

Capacidade de manobra

A capacidade de manobra das unidades de mísseis guiados antitanque é determinada pela sua mobilidade (movimentos para as posições de tiro, durante as manobras para as áreas de implantação) e pelo tempo necessário para a ocupação e saída das áreas de implantação.

Questões básicas das operações anti-blindagem

A parte atacante não distribuirá os seus tanques uniformemente, pelo que se recomenda o agrupamento de unidades antitanque nas principais direcções ameaçadas pelos tanques. O sistema anti-blindado deve ser construído de forma a estabelecer zonas de fogo coerentes e com profundidade nas principais direcções ameaçadas pelos tanques. Deste modo, a destruição contínua dos meios blindados atacantes será assegurada tanto na frente da linha principal como em toda a profundidade da defesa.

A base do sistema anti-blindado é um sistema de fogo anti-tanque bem organizado. Para garantir a máxima eficiência, a maior parte dos meios antitanque deve ser posicionada nas proximidades da borda frontal, de modo a infligir o maior número possível de perdas aos tanques. Ao posicionar os meios, os comandantes devem concentrar-se em manter o fogo contínuo sobre obstáculos de tanques e de infantaria, bem como em assegurar a ligação de fogos entre unidades e a destruição de meios blindados que penetrem em profundidade.

As funções e os princípios básicos da aplicação de combate das unidades

antitanque

As funções das unidades antitanque***:*** destruir os tanques, as armas de fogo e outros meios blindados e veículos de combate do inimigo, bem como as instalações de proteção e o pessoal nelas localizado.

As unidades antitanque são capazes de efetuar manobras rápidas nas direcções e áreas de implantação ameaçadas, com o objetivo de destruir tanques com proteção blindada média e quaisquer outros tipos de veículos de combate blindados aí localizados. A capacidade de fogo das unidades antitanque depende do grau de proteção blindada dos alvos, da quantidade de meios envolvidos, das competências do pessoal operador, da organização do sistema de fogo, dos efeitos dos mísseis (projécteis) sobre os alvos e das circunstâncias da missão.

Examinemos as funções das unidades de artilharia antitanque à luz do projeto de doutrina antiblindados:

"O Batalhão de Mísseis Antitanque foi integrado no estabelecimento da Brigada de Infantaria com a função de destruir os tanques do inimigo, outros veículos de combate blindados e instalações de proteção, bem como fechar direcções ameaçadas, abrir flancos e cruzamentos. As suas outras tarefas incluem a destruição de meios blindados que penetram na defesa, impedindo-os de ganhar terreno e fornecendo apoio nos flancos para o contra-ataque das próprias forças. Além disso, é utilizado para destruir helicópteros que voam a baixa altitude e que pairam no ar. O Batalhão de Mísseis Antitanque é a unidade básica de controlo de fogo e tática da Brigada de Infantaria. É capaz de efetuar manobras rápidas em direcções e áreas de implantação ameaçadas, e aí desempenhar as suas funções básicas." [3]

O estabelecimento de paz do Batalhão tem estado recentemente em constante mudança; e esperamos que as modificações continuem, tendo em conta os objectivos de desenvolvimento das forças das Forças de Defesa Húngaras.

De acordo com os requisitos operacionais, o estabelecimento do Batalhão de Mísseis Antitanque inclui o quartel-general e o estado-maior - que constituem a direção - e três Baterias de Mísseis Antitanque e uma Bateria de Apoio ao Estado-maior. Uma Bateria de Mísseis Antitanque é composta por um Estado-Maior e dois Pelotões. Cada Pelotão é equipado com 4-4 unidades de veículos de combate 9P148.

Imagem 1: Máquina de combate 9 P148 [4]

A Bateria Antitanque é a unidade de controlo de fogo e tática da artilharia anti-blindagem. Desempenha as suas funções de forma autónoma ou sob o comando de uma organização de nível superior. ***O Pelotão de Artilharia*** é uma unidade da artilharia antitanque, que normalmente executa as suas tarefas sob o comando de uma Bateria, por vezes de forma independente.

A máquina de combate e o lançador de mísseis guiados perfurantes são as armas de fogo da unidade antitanque, que são normalmente utilizadas em combate sob o comando de um Pelotão. O pessoal que assegura diretamente a operação das máquinas de combate e dos lançadores é designado por Esquadrão ou pessoal operacional.

A formação de combate das unidades antitanque

A formação de combate é o agrupamento intencional de forças e meios para a execução da missão atribuída. A formação de combate deve assegurar a execução das tarefas das unidades, a plena utilização do potencial de combate das unidades, a cooperação e a conetividade contínuas e fiáveis com o Superior e outras unidades, a possibilidade de manobrar a unidade e os fogos, a utilização máxima das oportunidades proporcionadas pelo terreno e o comando contínuo e ininterrupto dos subordinados.

A formação de combate da Bateria Antitanque é composta pelas formações de combate dos Pelotões de Artilharia, o Posto de Comando (Observação) do Comandante da Bateria, o Posto de Observação de Blindados e o Ponto de Carregamento.

Mediante ordem do Comandante da Brigada, a Bateria Antitanque pode reforçar as actividades antitanque de um Batalhão de Infantaria, ou pode operar como unidade de manobra antitanque (reserva antitanque) sob o comando de uma Bateria, no caso de haver mais do que uma direção ameaçada por tanques na área de combate da Brigada.

Os Esquadrões Antitanque dos Pelotões de Apoio da Companhia de Infantaria situam-se na formação de combate da Companhia, de acordo com o definido pelo Comandante da Companhia.

As áreas e linhas das unidades antitanque

As áreas de reunião, uma ou duas direcções ameaçadas por tanques e 2-3 áreas de implantação por direção são designadas para as unidades antitanque.

A área de reunião é a parte do terreno que a unidade antitanque ocupa ou preparou para ocupar. As unidades são colocadas numa ordem alargada na área de reunião, de acordo com o combate previsto. A área de reunião de uma Bateria deve ter 500 m de largura e 500 m de comprimento.

A área de reunião deve ser designada na direção do esforço principal esperado do inimigo (ou na direção do ataque principal das suas próprias forças) em relação à área de destacamento, de modo a que as vias de manobra disponíveis garantam o destacamento também nas áreas mais afastadas. A Bateria deve manter um aviso de partida de 15 minutos. Na defesa, podem ser designadas e preparadas 1-2 áreas de reunião de reserva a uma distância de 1-2 km da área de reunião para os lados e para trás. Durante o ataque, a unidade ocupa áreas de reunião temporárias, de acordo com o ritmo do ataque. As áreas de reunião devem ter o nome de flores.

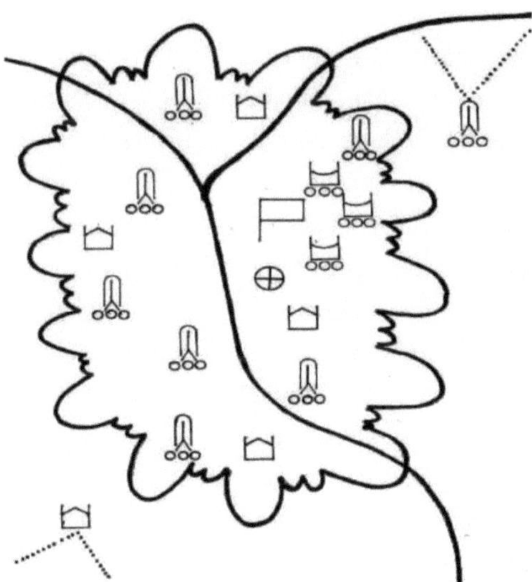

Figura 7: Bateria de mísseis guiados antitanque **na zona de montagem [5]**

As Esquadras Antitanque dos Pelotões de Apoio da Companhia de Infantaria situam-se na área de prontidão (área abrigada) da Companhia, nos moldes definidos pelo Comandante da Companhia.

A **área de implantação** é a parte do terreno na direção ameaçada pelos tanques, previamente atribuída ou preparada para ser ocupada, ou que a unidade tenha tomado durante as operações de combate para destruir os tanques e os veículos blindados de combate do inimigo. As zonas de implantação devem ser designadas por montanhas e números.

Por exemplo: "BAKONY-2"

Esta área é a 2. área de implantação na direção ameaçada pelo tanque "BAKONY".

Durante o destacamento das unidades para a formação de combate na área de destacamento, a sua disposição deve assegurar a execução bem sucedida das tarefas, a ligação mútua de fogos, a transferência de fogos de uma direção para a outra e a defesa global.

Tipos de áreas de implantação:

- área de implantação planeada e preparada;
- área de implantação planeada e não preparada ;
- área de implantação não planeada.

A unidade normalmente ocupa uma *área de implantação planeada e preparada* quando está na defesa, e tem tempo suficiente para inspecionar a área de implantação; organizar completamente o sistema de fogo; praticar a ocupação e saída da área, e as tarefas de fogo; e executar os trabalhos de engenharia. No caso de uma área de implantação planeada e não preparada, realizam a inspeção da área de implantação e a organização do sistema de fogo, mas não têm tempo suficiente para praticar a ocupação e saída da área e as tarefas de fogo; e realizam os trabalhos de engenharia.

As *áreas de implantação não planeada* são ocupadas durante o combate, quando as mudanças rápidas na situação obrigam o Comandante a utilizar a unidade antitanque rapidamente, em qualquer lugar. A ocupação de áreas de implantação não planeadas exige do Comandante da Unidade um elevado grau de autossuficiência e criatividade. Neste caso, as competências e capacidades dos Comandantes de Esquadrão para as tarefas são decisivas.

Para garantir a eficácia do controlo e da coordenação do fogo, a distância em comprimento é de 100-200 m entre as máquinas de combate de Mísseis Guiados Perfurantes e de 300-400 m entre os Pelotões. As dimensões das áreas de implantação podem ir até 2,5 km de largura e 1 km de comprimento para as baterias, 1 km de largura e 500 m de comprimento para os pelotões; dependendo da situação de combate, do terreno e do número de meios envolvidos.

As disposições habituais das unidades na área de projeção: cunha à frente (atrás), escalão à direita (esquerda), linha ou formação em ferradura. Estas formações normalmente não ocorrem de forma clara e isolada, sendo normalmente aplicadas em combinações, dependendo do número de meios antitanque envolvidos, da largura da área de implantação e do tipo de terreno. Nos combates modernos de hoje, pode acontecer que apenas 1-2 meios sejam efetivamente mobilizados. Os Esquadrões Antitanque dos Pelotões de Apoio das Companhias de Infantaria operam de acordo com as ordens do Comandante da Companhia, têm tarefas ao nível do Pelotão e do Esquadrão.

Formação em cunha:

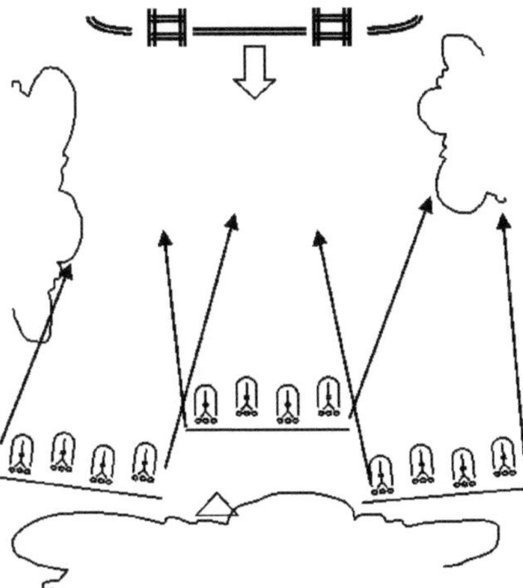

Figura 8: Formação em cunha de uma bateria de mísseis antitanque **(uma variante) [6]**

Esta formação de combate é recomendada se uma área estreita tiver de ser fechada, ou se a formação de combate do inimigo estiver profundamente escalonada. É vantajosa devido à profundidade relativamente grande, garantindo a utilização da distância máxima de fogo. A desvantagem é que uma área relativamente estreita pode ser fechada e as unidades não podem começar a disparar ao mesmo tempo.

Formação em escalão:

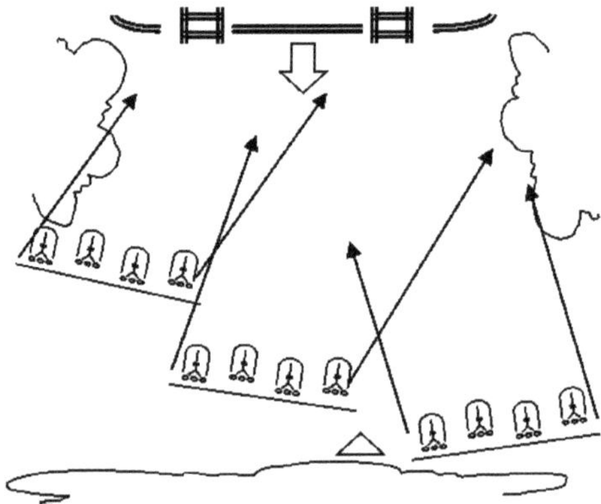

Figura 9: Formação em escalão direito de uma Bateria de Mísseis Antitanque **(uma variante) [7]**

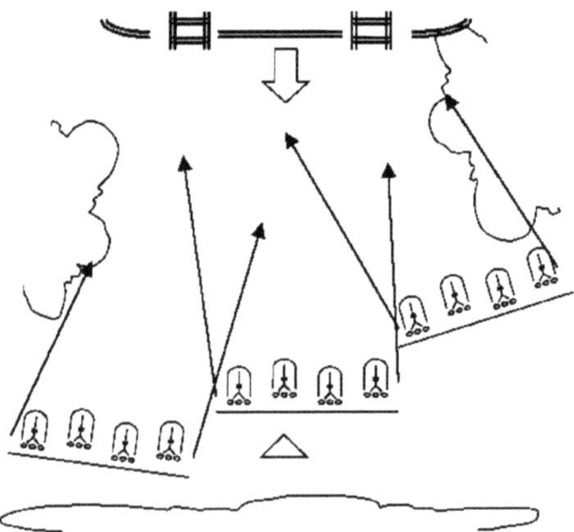

Figura 10: Formação em escalão esquerdo de uma Bateria de Mísseis Antitanque **(uma variante) [8]**

Esta formação de batalha é recomendada em terrenos acidentados e montanhosos, e numa colina que atravesse diagonalmente a área de implantação, porque a distância da colina permite uma distância uniforme da linha de fogo para todas as unidades.

A sua vantagem é que a abertura de fogo é possível a partir de uma grande distância, e o disparo inclinado também pode ser efectuado. A sua desvantagem é que o fogo só pode ser aberto quando os alvos atingem o alcance efetivo, razão pela qual não é possível abrir fogo simultaneamente; e que as unidades só podem fechar áreas estreitas.

Formação da linha:

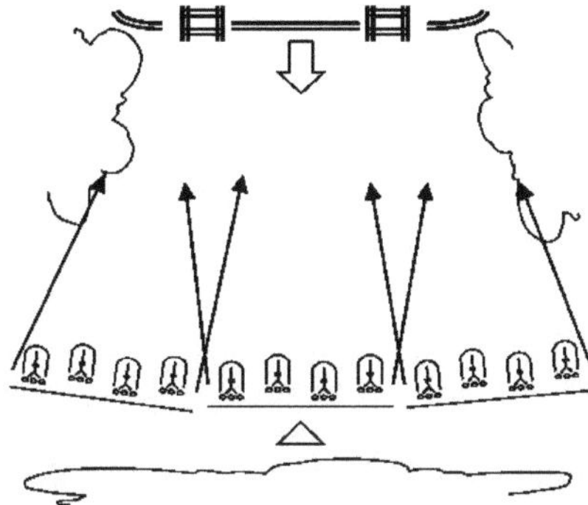

Figura 11: Formação em linha de uma bateria de mísseis antitanque **(uma variante) [9]**

Esta é a formação de combate mais utilizada. Oferece a possibilidade de as unidades se posicionarem numa largura e comprimento máximos. Assegura o disparo à maior distância possível, permite a eliminação de espaços mortos das armas, cria boas oportunidades para disparos inesperados e de grande impacto.

Formação em ferradura:

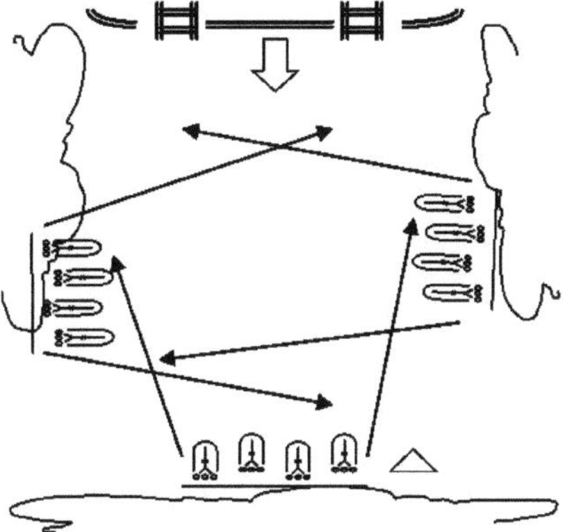

Figura 12: Formação em ferradura de uma bateria de mísseis guiados antitanque **(uma variante) [10]**

Esta formação de batalha é normalmente aplicada para o fecho de passagens estreitas, vales. A formação em ferradura é, de facto, uma bolsa de fogo antitanque. A sua vantagem é que permite abrir fogo em simultâneo e permite que as armas de fogo disparem contra os pontos mais vulneráveis dos tanques. A sua desvantagem é a largura relativamente reduzida; e o facto de os mísseis falhados e os que se tornam incontroláveis poderem causar danos às próprias forças.

O Posto de Observação de Blindados deve ser dotado de um radar que possa detetar com fiabilidade o avanço de formações de tanques, tanto de dia como de noite, no nevoeiro e em condições de fraca visibilidade. Atualmente, as forças de defesa modernas utilizam radares com diferentes desempenhos para a deteção fiável de tanques inimigos.

A estação de radar móvel e polivalente de deteção e aquisição de alvos terrestres RATAC-S é desenvolvida e produzida pela empresa alemã ALCATEL SEL AG. O RATAC-S é um radar Doppler monopulso, de pulso coerente e feixe duplo, que filtra alvos estacionários. O seu funcionamento é facilitado por um sistema de menus de fácil utilização, familiar a qualquer pessoa que utilize computadores. As suas funções mais importantes são:

O mapa de radar pode ser representado (modo de indicador de mapa),

- a imagem do radar pode ser armazenada e todos os sectores podem ser ampliados,
- Os operadores podem ser alertados por meios ópticos e acústicos,
- a definição das coordenadas do alvo pode ser aperfeiçoada congelando o ecrã,
- O GPS pode ser facilmente adaptado,
- a deteção e o seguimento do alvo podem ser facilmente documentados pelo plotter,
- pode funcionar de forma autónoma com a sua própria unidade de bateria.

Imagem 10: A estação de radar de reconhecimento RADAC, utilizada para a deteção e visualização de tanques e veículos blindados de combate inimigos [11]

O operador pode definir a área de reconhecimento, seguimento de alvos e controlo de fogo de 0° a 360° e de 0 km a 38 km em vários graus, dependendo da tarefa. A busca de sector também pode ser definida. Nesse caso, o sistema de antena procura automaticamente alvos em movimento num sector com uma largura máxima de 110° e um comprimento de 20 km. Graças à sofisticada tecnologia Doppler, o radar pode determinar até mesmo o tipo de alvo. Assim, é possível diferenciar um soldado, um veículo de combate com rodas ou lagartas, um comboio ou um avião de asa rotativa.

O RATAC-S é capaz de manter a deteção mesmo em condições meteorológicas e atmosféricas naturais e artificiais que restringem o reconhecimento visual (por exemplo, nevoeiro, chuva forte, neve, noite, fumo, poeira).

Um sistema automático e controlável assegura a filtragem das interferências naturais de fundo - causadas pelo movimento das plantas sopradas pelo vento, pelas ondas da superfície da água e pelas alterações do índice de refração da atmosfera. A unidade de controlo inclui um painel de controlo dobrável que permite uma utilização simples, rápida e eficiente, uma unidade de visualização multifunções, um computador de controlo e um processador para processamento de sinais digitais. A unidade de controlo está também equipada com um altifalante, que emite um som correspondente à velocidade e ao tipo do alvo que está a ser seguido. A unidade de controlo pode ser aumentada com outros acessórios: dispositivo de navegação, plotter e câmara de vídeo, um auscultador em vez do altifalante e elementos de ligação e do sistema de informação.

Caraterísticas do RATAC-S: a sua frequência de funcionamento é de 9,5 GHz, a potência do impulso de transmissão é de 7 kW, o seu peso total é de 125 kg, a sua gama de temperaturas de funcionamento é de 32°C a 55°C.

A capacidade de deteção do radar no caso de um sector de deteção de 90°:

- deslocação de pessoas: a partir de 18 km,
- veículos ligeiros com rodas: a partir de 24 km,
- veículos pesados com lagartas: a partir de 30 km,
- helicópteros: a partir de 28 km,
- coluna de marcha: a partir de 38 km.

No caso do controlo de fogo de artilharia, os pontos de rebentamento podem ser calculados por intersecção gráfica com uma precisão de ±10m, o que garante um apoio adequado ao controlo de fogo.

O comando de unidades antitanque:

O comando das unidades antitanque é a atividade dos comandantes através da qual mantêm as capacidades de combate das unidades, preparam as suas operações de combate e controlam as unidades durante a execução das tarefas atribuídas. O elemento mais importante do comando é o controlo do fogo, que abrange o reconhecimento dos alvos, a clarificação das tarefas de fogo, a tomada de decisões relativas às tarefas de fogo, a atribuição de tarefas de fogo, as actividades de manobra de fogo das unidades e a sua supervisão.

As mudanças rápidas e duras da situação no combate de armas combinadas exigem que os Comandantes das unidades antitanque exerçam um comando contínuo, sólido, operacional e oculto.

Continuidade, influência permanente sobre as actividades da Bateria e dos Pelotões, que se torna decisiva nas fases críticas do combate. As suas condições prévias devem ser estabelecidas durante a organização do comando. O seu principal fator básico é a manutenção de uma comunicação ininterrupta, em múltiplos canais. A passagem de testemunho e, se necessário, a assunção imediata das funções de comando devem ser preparadas para o caso de o Comandante ser eliminado.

Solidez, a procura de tomar decisões em tempo útil e de executar as tarefas definidas com firmeza e tenacidade. Para tal, o Comandante deve conhecer o conceito do Superior, os lugares e os papéis das suas unidades na formação e na tática de combate do Superior. O Comandante deve impor continuamente elevadas exigências aos Subordinados para garantir a solidez.

Operacionalidade, a aplicação colectiva da eficiência, da rapidez e da praticabilidade nas actividades da unidade. Concretiza-se através de uma reação rápida às situações e da introdução de medidas em tempo útil.

Discrição, mantendo secretas todas as medidas tomadas para a preparação e execução das tarefas, utilizando coordenadas cifradas; e cumprimento e aplicação rigorosos das normas de segurança da informação.

Os Comandantes de Unidade comandam as suas unidades através de ordens orais, ordens de combate e comandos. Os chefes de esquadrão comandam os seus esquadrões através de comandos e sinais. As ordens, instruções e comandos devem ser curtos e claros.

O comandante da unidade organiza normalmente o combate no terreno. Devido à falta de tempo, as tarefas devem por vezes ser esclarecidas durante ou imediatamente após o estabelecimento da formação de combate e dos seus elementos. Esta é a situação em todos os casos em que uma área de implantação não planeada ou uma área de reunião temporária deve ser ocupada.

A programação do Comandante para organizar o combate depende da situação concreta, da tarefa atribuída e do tempo disponível. A preparação da atividade de combate começa com a receção da ordem de combate do Superior (ordem preliminar de combate) e prolonga-se até ao início do avanço para a formação de combate.

Em função do método de trabalho do superior, o método de trabalho do comandante pode ser *gradual* ou *paralelo.*

O método de trabalho *gradual* é normalmente aplicado no início do trabalho organizacional. Caracteriza-se principalmente pelo trabalho sequencial de diferentes níveis de comando e pelo facto de as tarefas serem construídas umas sobre as outras.

No caso do método *paralelo*, as funções de comando são executadas após a receção da ordem do superior (comando), quase ao mesmo tempo. Os níveis de comando trabalham na tarefa em simultâneo. Este método é normalmente utilizado quando o Comandante dispõe de um tempo limitado para organizar as actividades.

A unidade prepara-se para o movimento na área de reunião com um pré-aviso de

10 minutos, posicionando-se numa ordem correspondente à formação de combate. Os Comandantes preparam os seus documentos de controlo de combate relativos à área determinada. Após a ordem do Superior, a unidade inicia a marcha e toma as posições da formação de combate, de acordo com os treinos práticos. Se não tiver havido treinos práticos, o Chefe de Esquadra, utilizando a cobertura do terreno, desembarca nas proximidades da posição de tiro (cerca de 50 m de distância) e controla o carro de combate para a posição de tiro.

Depois de assumirem a posição de tiro, preparam as máquinas de combate para disparar e informam o Chefe de Pelotão. Quando o Pelotão tiver atingido a prontidão de fogo, o Chefe de Pelotão informa o Comandante de Bateria desse facto. O Comandante da Bateria pode informar o Superior sobre a prontidão de fogo quando a Bateria tiver atingido pelo menos 50% de prontidão. Depois de ter atingido a prontidão de fogo, o silêncio de rádio entra em vigor. Os chefes de esquadrão observam continuamente os seus sectores de fogo até ao início do fogo e aperfeiçoam os seus esboços de sector, se necessário.

Planeamento da manobra da Bateria Antitanque Guiada

EXEMPLO:

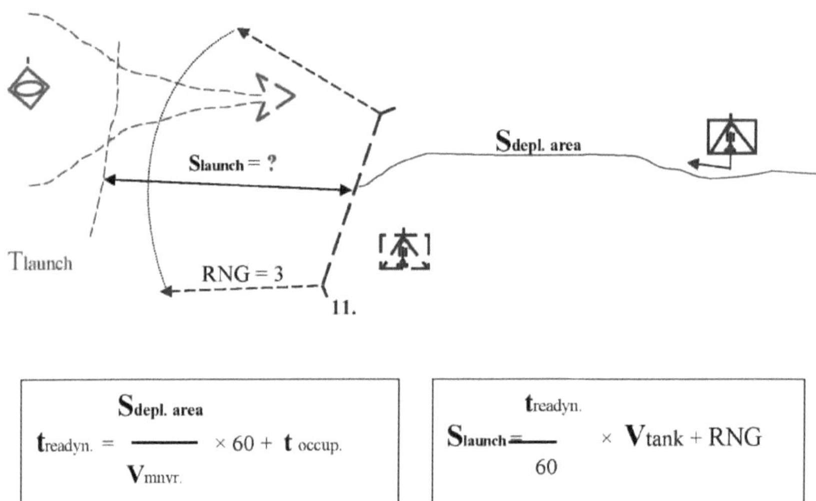

Figura 13: Cálculo de uma manobra de uma unidade antitanque (fonte própria)

Data: **Sdepl. area** = 3 km
Vmnvr. = 27 km / h
t occup. = 4 min
RNG = 3 km
V*tank* = 10 km/ h

$$t_{readyn.} = \frac{3\ km}{27\ km/h} \times 60 + 4\ min = 10.67 \sim \mathbf{11\ min}$$

$$S_{launch} = \frac{11\ min}{60} \times 10\ km/h + 3\ km = \mathbf{4.83\ km}$$

A prontidão da reserva antitanque (grupo de manobra antitanque*)* na área de implantação designada significa que as unidades tomaram a sua formação de combate, o Posto de Observação do Comandante foi estabelecido, o sistema de fogo foi organizado, ou seja: a reserva antitanque é capaz de iniciar a destruição dos meios blindados do inimigo à distância máxima de abertura de fogo.

A reserva antitanque da Brigada executa normalmente as suas tarefas em cooperação com o *destacamento móvel de fecho da Brigada.* A área do destacamento móvel de fecho situa-se perto da área de reunião da reserva antitanque, possivelmente em frente desta (na direção das áreas de implantação).

O destacamento móvel de encerramento (três pelotões de minas com 3 unidades de minas PMZ-4 por pelotão) é capaz de colocar um campo minado de 2,4-3,3 km de largura (um pelotão: 0,8-1,0 km) e 30-60 m de comprimento, com uma carga padrão de minas.

O destacamento móvel de fecho coloca o campo minado - de forma contínua ou fraccionada, dependendo do terreno e da formação de combate - na frente da área da reserva antitanque, a uma distância de 0,5-1,0 do alcance das armas antitanque, ou 0,5 da distância máxima de lançamento dos mísseis guiados antitanque. O destacamento móvel de fecho tem de iniciar a manobra atempadamente para ter 5-10 minutos de vantagem sobre a reserva antitanque na zona de betão.

Conclusões

A utilização de unidades antitanque deve ser planeada tendo em vista a consecução de objectivos de armas combinadas. Como o principal poder de ataque das forças terrestres consiste em tropas de tanques, a destruição de alvos de tanques e outros blindados é de importância fundamental para o êxito do combate de armas combinadas. A superioridade da força aplicada no momento e no local certos pode determinar o resultado da batalha.

As unidades antitanque são capazes de efetuar manobras rápidas nas direcções e áreas de implantação ameaçadas, desempenhando aí com êxito as suas funções básicas.

Referências

[1] A. FURJAN: The basics of fire support, as well as combat use and command of the artillery, university notes, National University of Public Service, Budapest, 2009; p. 33.

[2] A. FURJAN: The basics of fire support, as well as combat use and command of the artillery, university notes, National University of Public Service, Budapest, 2009; p. 24.

[3] Comando da Força Terrestre das Forças de Defesa Húngaras: Os princípios de aplicação em combate das baterias de mísseis antitanque, projeto de doutrina, Szekesfehervar, (2005), 1-1.

[4] http://www.1999.co.jp/eng/10278975

[5] Comando da Força Terrestre das Forças de Defesa Húngaras: Os princípios de aplicação em combate das baterias de mísseis antitanque, projeto de doutrina, Szekesfehervar, (2005), 4-13.

[6] CS. OSZ:, As tarefas dos comandantes de unidades antitanque durante o planeamento e o comando de operações de combate, Estudo, HDF LFC, (2005), 6.

[7] CS. OSZ: As tarefas dos comandantes de unidades antitanque durante o planeamento e o comando de operações de combate, Estudo, HDF LFC, (2005), 7.

[8] CS. OSZ: As tarefas dos comandantes de unidades antitanque durante o planeamento e o comando de operações de combate, Estudo, HDF LFC, (2005), 7.

[9] CS. Osz: The tasks of antitank unit commander during the planning and commanding of combat operations, Study, HDF LFC, (2005), 7.

[10] CS. Osz: The tasks of antitank unit commander during the planning and commanding of combat operations, Study, HDF LFC, (2005), 7.

[11] A. FURJAN: Questões teóricas e práticas do processamento de informações de artilharia e dados de informações num sistema integrado de informações nas Forças de Defesa Húngaras - dissertação de doutoramento (1999); Universidade Nacional de Serviço Público, Budapeste, (1999), 131.

2. Sistema de Informação de Comando e Controlo Operacional Tático Húngaro (HUTOPCCIS)

Tendo em conta os requisitos de liderança e, em especial, os requisitos de comando das unidades do exército - relacionados com o comando e o controlo automatizados - as forças do exército dos próximos anos devem inevitavelmente dispor de elementos de sistemas informáticos de apoio às operações, ao planeamento tático, ao comando e ao controlo que sejam igualmente utilizáveis em operações de guerra e de não guerra. Um determinado sistema pode ser um "Sistema de Informação de Comando e Controlo Operacional Tático" (TOPCCIS) desenvolvido a nível nacional.

O "Sistema de Informação de Comando e Controlo Operacional Tático" deve ser composto por subsistemas que cubram, protejam e sirvam - em todos os aspectos de apoio - as unidades e subunidades de nível de exército, brigada, batalhão e companhia durante o planeamento e a realização das suas actividades de manobra, apoio ao combate, abastecimento de combate e sistemas de campo por elas operados.

O "TOPCCIS" é um sistema de comando combinado, composto por elementos de software e hardware do utilizador e unidades tácticas que fornecem fluxo de informação. Os criadores, em conjunto, participaram pela primeira vez e tencionam continuar o desenvolvimento em conjunto.

Elementos do sistema "TOPCCIS

1. Programadores de software para utilizadores:

- Dr. Attila Furjan Tenente-coronel, Professor Sénior, NDU ZM, Operacional Departamento de Apoio - especialista em artilharia de campanha
- Equipa especial de desenvolvimento de software.

Função, aplicação e capacidade do sistema de informação e controlo de comando no terreno, base de dados de informação no terreno, condições de funcionamento do hardware

Função do sistema informatizado de comando e controlo no terreno e de informação

Ao nível da companhia, do batalhão, da brigada e das forças terrestres, planeamento e controlo do combate (tático e operacional), planeamento do emprego das forças e dos meios de combate das informações, controlo das informações, transmissão das informações (dados) fornecidas pelas subunidades de informações aos postos de comando, recolha, análise, tratamento e triagem dos dados, atribuição de alvos e transmissão às forças que participam no apoio ao fogo através de uma rede informática ou de uma rede de rádio tática por mensagens normalizadas. O planeamento contínuo do apoio de fogo é necessário durante a preparação e a condução da atividade de combate.

Elementos do software elaborado do sistema de direção de combate:

- Organigrama próprio (amigável);
- Sub-sistema de comando e processamento de dados de informações;
- Subsistema "todos os braços" (manobras);
- Subsistema de apoio ao fogo (apoio à artilharia de campanha).

Capacidades e aplicação do sistema informatizado de comando e controlo no terreno e de informação

Áreas de aplicação:

O sistema pode ser aplicado a nível de companhia, batalhão, brigada, forças terrestres (divisão) em postos de comando e observação ou comando tático e

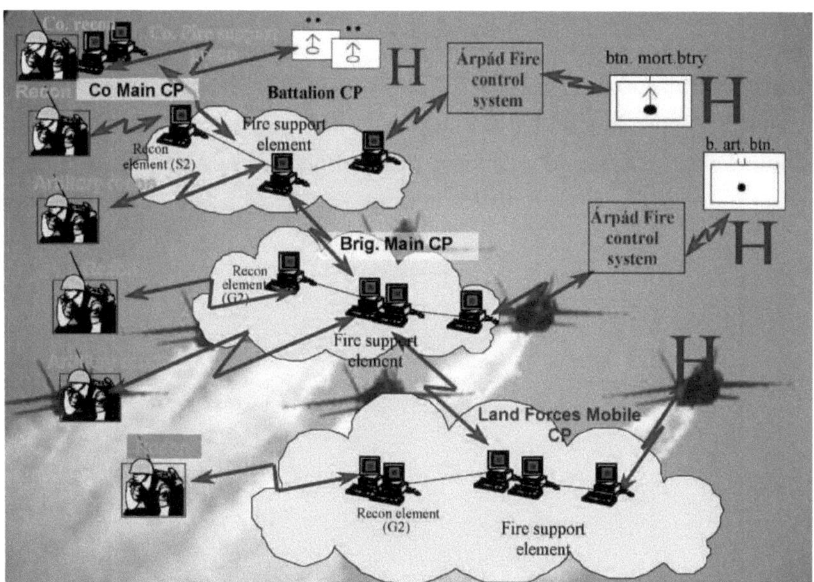

Fig.1. Sistema informatizado de comando e controlo operacional tático (fonte própria)

centros de controlo que operam nos centros de comando das unidades, nos postos de comando e de processamento de dados de informações, nos centros de apoio ao fogo, nos centros de comando que dirigem a atividade real, na secção de planeamento operacional para estabelecer postos de trabalho. Além disso, para apresentar as forças e os dados dos serviços de informações, as unidades de apoio ao fogo e os dados sobre os alvos, o planeamento do fogo e para apresentar a situação tática planeada e a atividade de combate real em mapas digitais e ortofotos.

Capacidades do Sistema de Informação de Controlo de Comando Operacional Tático

O sistema permite planear o emprego tático de combate de possíveis forças e meios de reconhecimento, tendo em conta a análise dos requisitos e capacidades de reconhecimento e as possibilidades de visibilidade, planear o emprego tático de unidades de artilharia que participam no apoio de fogo e mostrar o seu alcance máximo efetivo em mapas digitais. O software é capaz de receber e processar dados de alvos isolados e colectivos, bem como alvos fixos e móveis, e de os apresentar em mapas digitais. O processamento dos dados é efectuado em 57 segundos após a receção dos dados. Os alvos avaliados são listados e agrupados de acordo com os requisitos da NATO e podem ser impressos. A atribuição de alvos entre as forças que participam no apoio de fogo é resolvida durante a fase de preparação e realização do combate. Com a ajuda do sistema, o planeamento do combate, as manobras de todas as forças armadas podem ser planeadas profissionalmente, bem como a sua apresentação utilizando os símbolos padrão da NATO em mapas digitais e ortofotos. O sistema de comando e controlo é adequado para receber, processar e transmitir, transmitir ficheiros de texto e informações cartográficas. Além disso, é possível visualizar e executar mapas tácticos e informações de texto entre datas operacionais fixas.

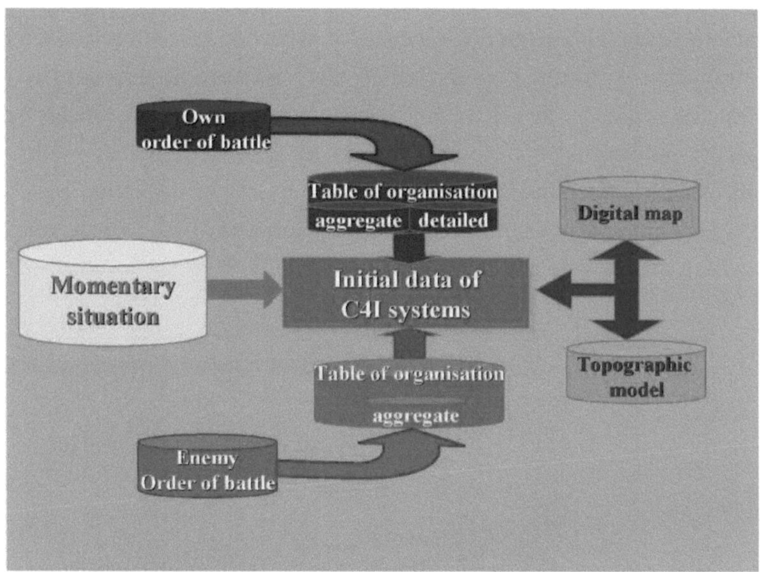

Fig.2. Fontes de dados básicas do "HUTOPCCIS" (fonte própria)

Programas básicos, base de dados do terreno e condições de hardware para o funcionamento do HUTOPCCIS

Programas básicos do Sistema de Informação de Comando e Controlo Operacional Tático e base de dados do terreno:

ArcView 3.2 + Spatial Analyst complementado

- Delphi5,
- MapObjectos 2.0
- Operador de base de dados MS SQL 2000
- Base de dados informática 3D fornecida pelo HDF Mapping Service NPC:
    - DTED Level2 Terrain ElevationConfiguration Model;
    - JOG (ar e terra), GEOTIFFs;
    - Base de dados vetorial;
    - GEOTIFFs opográficos.

Durante o desenvolvimento dos sistemas de comando e controlo foi sempre um grande problema a forma de representar nos sistemas de informação as três dimensões do espaço dos diferentes objectos. As bases de dados gráficas recentemente publicadas, que complementam as tradicionais, e os equipamentos informáticos 3D vieram alterar esta situação. Hoje em dia, os mapas básicos digitais e o modelo de configuração da elevação do terreno tornaram-se uma ferramenta eficaz e criam a base para os sistemas de controlo de comando.

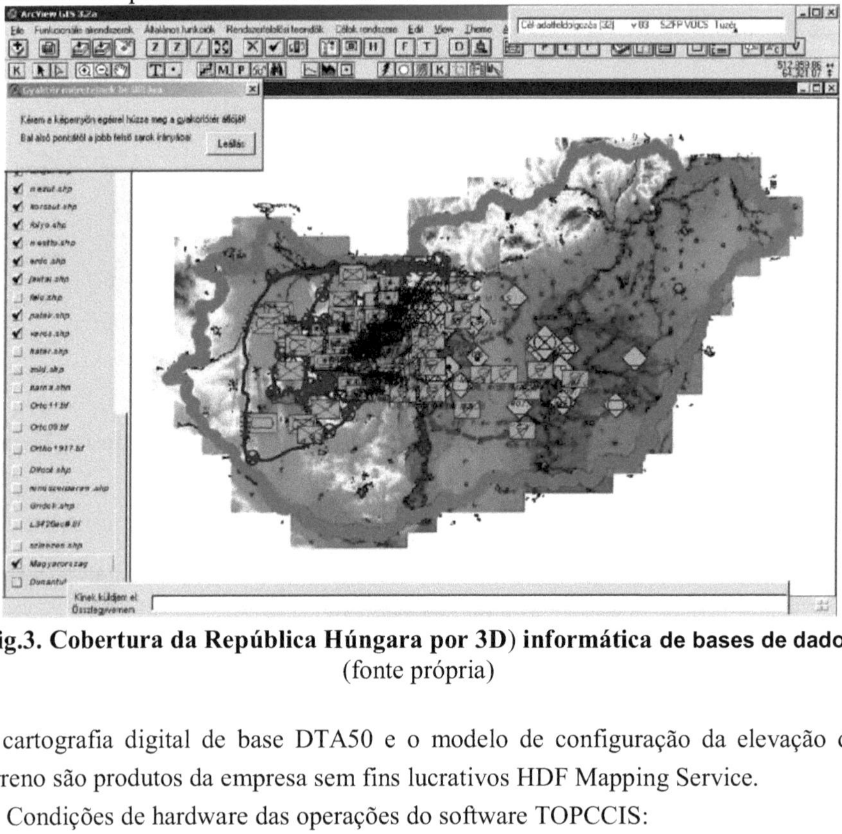

Fig.3. Cobertura da República Húngara por 3D) informática de bases de dados
(fonte própria)

A cartografia digital de base DTA50 e o modelo de configuração da elevação do terreno são produtos da empresa sem fins lucrativos HDF Mapping Service.

Condições de hardware das operações do software TOPCCIS:

Para operar o sistema de controlo de comando computorizado, o equipamento a ser colocado no terreno deve ser constituído por computadores e software de boa qualidade, que possam ser facilmente adaptados ao sistema tecnológico de informação do HDF, que sejam operacionais durante muito tempo e que possam ser melhorados de forma flexível. Tanto os elementos de hardware como de software devem ser adaptados ao sistema informático das organizações militares utilizadoras. No caso de existir uma rede local, deve constituir um novo segmento, na ausência de uma rede local, deve criar uma base inicial para a mesma.

Dependendo dos utilizadores, o sistema de controlo de comando deve ou tem de operar o sistema técnico de informação com computadores normais - comerciais - ou computadores de campo especiais.

Subsistema funcional de todos os braços

Objetivo, capacidades, aplicação e emprego

Objetivo do subsistema funcional de todos os braços:

Como parte (elemento) do sistema informatizado de comando operacional tático, controlo e informação, tem por objetivo visualizar e planear a composição, os elementos de ordem de combate das unidades de combate (manobra), o emprego tático dos elementos de ordem de combate, unidades, forças e meios, tendo em conta as capacidades, as regras de combate, as normas de emprego (STANAG e doutrinas), as análises de visibilidade, bem como visualizá-los em mapas digitais e ortofotos. Apoiar a transmissão das operações de comando e controlo e da atividade de combate, registar as situações e o valor do combate, compor os relatórios operacionais e outros e a sua distribuição.

Com o registo e a visualização precisos das operações e da situação de combate, apoia a realização, prescreve o ritmo diário dos comandos de diferentes níveis e dos postos de comando em briefings suficientes, transferência entre turnos, preparação de conferências, avaliações de diferentes situações de combate durante a fase de planeamento.

Assegura a condução do processo de planeamento durante o comando de actividades e operações de combate, a preparação de decisões, especialmente as chamadas decisões dinâmicas.

Principais capacidades do TOPCCIS:

O TOPCCIS é capaz de apoiar o planeamento do emprego de unidades e subunidades de manobra, apoio ao combate e abastecimento de forças terrestres, para modelar planos elaborados de operação e emprego.

Domínios de emprego e de aplicação:

O sistema de planeamento e comando de combate pode ser utilizado nas forças terrestres, nos quartéis-generais da força, da brigada (regimento, batalhão independente), nos postos de comando subordinados ao nível do batalhão (batalhão de artilharia) e da companhia (bateria) e, mais proeminentemente, nos centros de manobra e controlo de combate estabelecidos nos quartéis-generais e postos de comando.

O sistema assegura a ligação em rede dos quartéis-generais e dos elementos de comando (postos de comando) de diferentes funções, distribuídos de acordo com os níveis de comando, a ligação contínua e a correspondência entre os locais de trabalho, os grupos de trabalho e as secções.

Para além disso, o sistema é adequado para as seguintes tarefas:

- É aplicável em situações tácticas e operacionais, bem como na gestão de crises;
- Durante o planeamento do emprego das forças de manobra, tem em consideração as prescrições dos STANAGs da NATO;
- Os diferentes elementos de combate podem ser apresentados em mapas digitais utilizando símbolos e marcas padrão da NATO (APP-6A) - (áreas, posições, linhas de fase, etc.);
- Durante a atividade de combate, a modificação da posição tática e das linhas avançadas é resolvida profissionalmente em mapas digitais;
- Qualquer tipo de elemento de ordem de combate (por exemplo, áreas, posições, locais) pode ser modificado;
- O planeamento de todas as formas de atividade das forças de manobra (ataque, defesa) é assegurado e o comando da atividade de combate em curso é assegurado;
- Indicar as informações recebidas de outros postos de comando e locais de trabalho;
- É assegurada a visualização e eliminação de informações processadas ou não processadas de outros postos de comando;
- O fluxo de informações entre os níveis de combate, tático e operacional é assegurado, o processamento de dados e a visualização precisa em mapas digitais são garantidos;
- O sistema é capaz de visualizar movimentos, marchas e manobras de subunidades em mapas digitais, efetuar cálculos de movimentos, marchas e manobras;
- É apresentada a visualização dos símbolos normalizados da NATO nos mapas digitais;
- É possível enviar e receber todo o tipo de informações de texto (ordens, ordens de combate);

- É possível guardar e armazenar exercícios concluídos na totalidade ou em partes;
- Também é possível abrir novos exercícios.

Níveis de comando do emprego de TOPCCIS:

O Sistema de Informação de Comando e Controlo Tático abrange todos os níveis de comando, desde a liderança das forças terrestres até ao nível da companhia orgânica (bateria). Assegura a unidade na condução do planeamento e do comando, do nível mais elevado ao mais baixo, com elementos de realização e comando independentes.

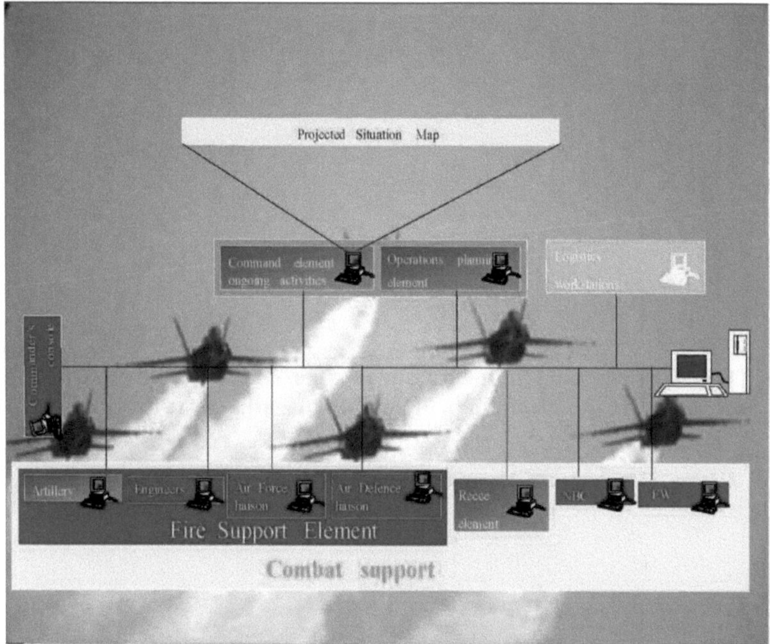

Fig.4. Rede informática TOPCCIS no Centro de Comando de Combate do Posto de Comando Móvel das Forças Terrestres (fonte própria)

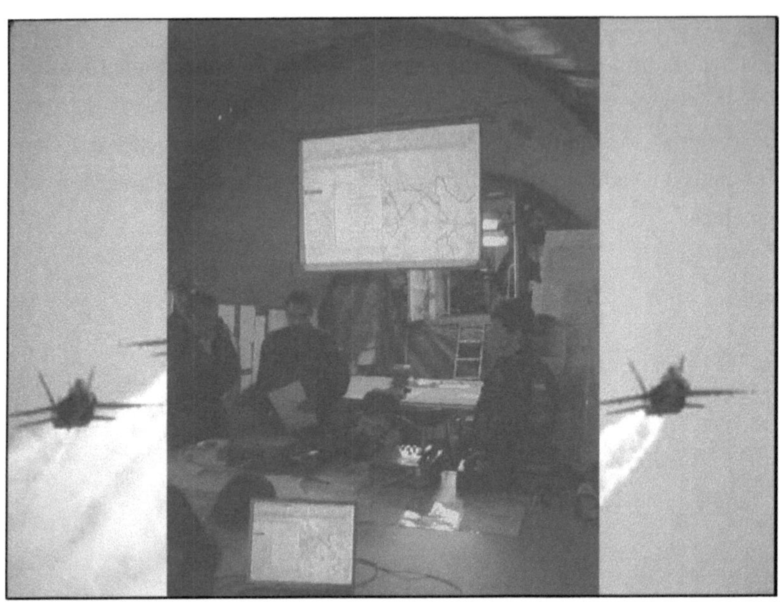

Fig.5. TOPCCIS em funcionamento durante o exercício "Bakony Strike 2003" no posto de comando principal da brigada (fonte própria)

Fig. 6. TOPCCIS em funcionamento no exercício "Bakony Strike 2003" num posto de comando de companhia (BTR-80)

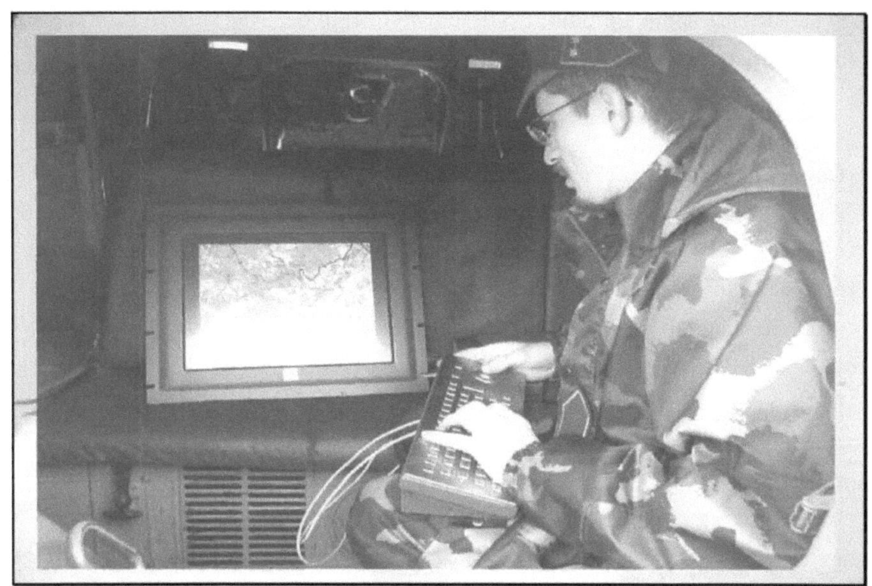

Fig.7. TOPCCIS em funcionamento no exercício "Bakony Strike 2003" numa empresa (fonte própria)

Subsistemas de apoio ao combate - subsistema funcional de informações Papel do subsistema funcional de informações

Durante as operações e actividades de combate, manobras, emprego de unidades e subunidades, apoio de combate, abastecimento de combate, o subsistema de processamento de dados de informações concede planeamento, divisão, prescrição de tarefas de reconhecimento, cria base de dados sobre forças inimigas e não-amigas esperadas, planeia a disposição de grupos, a colocação de organizações e elementos de informações e planeia a ordem de conduta. Com o apoio de todas as actividades, assegura a elaboração de planos, ordens, medidas, projectos, documentos, registos necessários ao comando e controlo do combate.

O subsistema possibilita a recolha de informações e dados recolhidos e comunicados pelos elementos do sistema unificado de informações (reconhecimento de campo, forças especiais, artilharia, engenharia, ABC, etc.), regista, processa e organiza com precisão em diferentes documentos e apresenta em gráficos e mapas digitais. Utilizando bases de dados e planos criados durante a preparação das manobras e do combate, desenvolve informações completas e distribui-as pelos diferentes postos de comando, grupos de trabalho e secções.

O subsistema apoia e promove o desenvolvimento de "Registos de Informação" e mantém-nos continuamente em formato digital e impresso.

Capacidades e aplicação do subsistema de informações

- Aplicável em situações tácticas e operacionais e também na gestão de crises;
- Para a sua utilização, são necessários conhecimentos profissionais e competências informáticas de nível intermédio;
- O tratamento das informações de intelligence tem em consideração as prescrições STANAG da NATO;
- Utiliza como superfície de base a superfície cartográfica digital DTA-50 e o modelo digital de configuração da elevação do terreno produzido pelo Serviço de Cartografia;
- Nos mapas digitais, é possível utilizar diferentes escalas e adaptar as grelhas Gauss Kruger ou UTM;
- Tanto as coordenadas MGRS utilizadas na NATO como as coordenadas Gauss Kruger podem igualmente ser entradas e saídas de mapas digitais;
- A conversão de coordenadas de grelhas UTM para grelhas Gauss Kruger e vice-versa está completamente resolvida;
- A medição de distâncias em mapas digitais está resolvida;
- A leitura dos dados de elevação (com a ajuda da configuração digital da elevação do terreno) é assegurada;
- Os mapas de autótipo (digitalizados) podem ser utilizados como superfície de base;
- Como superfície de base, podem também ser utilizadas ortofotos digitais;
- Está preparado para introduzir dados de reconhecimento de alvos fixos e móveis, para recolher e processar dados de informações e para os visualizar em mapas digitais utilizando símbolos unificados da NATO (APP-6A);
- É assegurada a avaliação das informações de inteligência de acordo com o NATO STANAG;
- Através do reconhecimento do símbolo do alvo apresentado nos mapas digitais, é possível ler informações de inteligência;
- É possível planear estações e pontos para forças e meios de inteligência em mapas digitais;
- As capacidades de reconhecimento e visualização, a avaliação da visibilidade

são elaboradas;

• São possíveis todas as capacidades de reconhecimento de fontes de informação e análises de visibilidade resumidas;

• As zonas-alvo apresentadas nos mapas digitais estão resolvidas (zonas A, B1, B2, C, D);

• É possível agrupar os alvos reconhecidos de acordo com a sua importância, produzir listas e impressões sobre os alvos reconhecidos;

• É possível efetuar manobras, marchas e movimentos de forças e meios de informação, fazer cálculos de manobras e apresentá-los.

Emprego e capacidades do subsistema de apoio de fogo

É um facto incontestável na era da guerra moderna que, no campo de batalha, a informação adequada deve chegar em tempo útil à organização de comando adequada. A capacidade de guerra da artilharia e o seu emprego eficaz são grandemente influenciados pelo sistema de comando moderno, pela gestão do fluxo de informação tática, pelo processamento de dados, pela apresentação em mapas e pelo incentivo à preparação de decisões.

Caraterísticas do emprego e das capacidades do subsistema de apoio de fogo:

• Pode ser utilizado em situações operacionais tácticas, bem como durante a gestão de crises;

• Para operar é necessário ter competências de perito e de utilizador intermédio habilidade;

• Os símbolos dos ramos são apresentados em mapas digitais de acordo com os requisitos da NATO;

• É possível planear posições e locais de tiro, locais e posições alternativos;

• O programa é capaz de mostrar o alcance máximo efetivo da artilharia em mapas digitais;

• Com a ajuda de um sistema computorizado, é possível planear movimentos e manobras, fazer cálculos, visualizar movimentos em mapas digitais;

• O planeamento dos objectivos é resolvido;

É possível visualizar os alvos fixos e móveis planeados e reconhecidos e é elaborada a sua distribuição entre as unidades de artilharia que participam no apoio de fogo;

Com a ajuda do programa é possível selecionar a fonte de reconhecimento para aquisição de alvos e observação de fogo, para mostrar a capacidade de reconhecimento e a visibilidade;

O programa prepara a matriz de ignição, que pode ser impressa.

Objetivo de desenvolvimento e emprego:

Desenvolver ainda mais os elementos actuais do sistema de controlo de comando; Ligar o sistema de controlo de comando ao sistema de controlo de incêndio "ARPAD"; Equipar o sistema de controlo de comando com o sistema GPS; Alargar o sistema de controlo de comando com o desenvolvimento de novos elementos (engenharia, NBC, defesa aérea, apoio aéreo, guerra eletrónica, logística, serviço MET. Serviço) e anexá-los ao sistema;

Para estabelecer as condições de hardware para o ensaio da unidade, realizar o ensaio da unidade com elementos de comando e controlo de combate informatizados já concluídos.

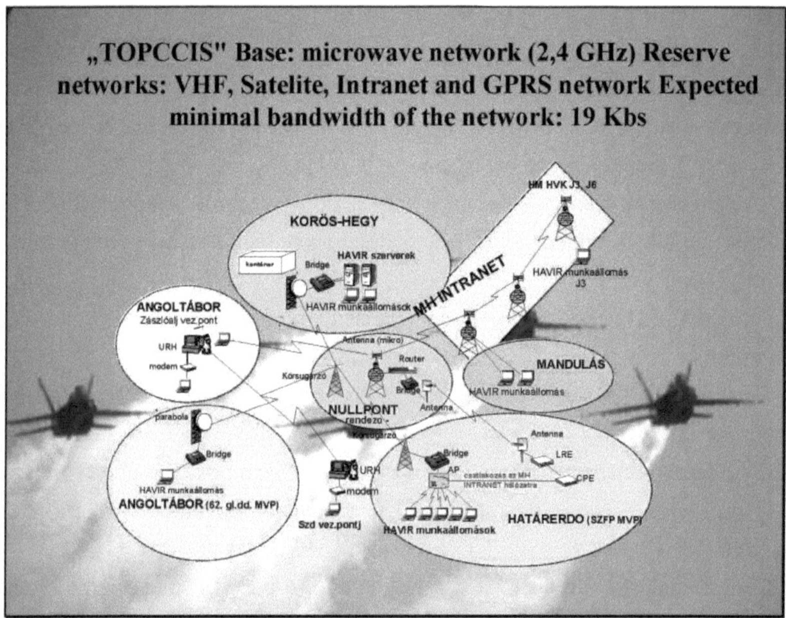

Fig.9. Fluxo de informação do sistema TOPCCIS implementado em "Bakony Srike 2003" (fonte própria)

Conclusões

SÉCULO XXI. O planeamento de operações e o controlo de comando do século XXI só podem ser alcançados com a ajuda de modernos "Sistemas de Informação de

Controlo de Comando Tático Computadorizado". Nas forças armadas dos países desenvolvidos, o desenvolvimento do sistema de controlo de comando, os testes e a utilização em situações de guerra e de não-guerra têm um papel importante. O planeamento e o comando de situações tácticas com base em 3D, a transmissão e o processamento rápidos de informações de mapas e de texto, o processamento preciso e atempado de dados sobre os alvos, a classificação dos alvos de acordo com a sua importância e a sua distribuição entre as fontes de apoio de fogo existentes, a transmissão de pedidos de fogo e a sua concessão atempada só podem ser realizados de forma consolidada e fiável com a ajuda de uma rede informatizada.

As experiências adquiridas nos exercícios já realizados com o "TOPCCIS" são encorajadoras e provam que, para além do planeamento e comando tradicionais do combate real, o comando tático informatizado é capaz de fornecer informações mais rápidas e mais fiáveis ao comandante e ao estado-maior. A comunicação tradicional de sinais e o fluxo de informação através do sistema de informação de controlo de comando tático aumentam e reforçam-se mutuamente e tornam o comando e o controlo mais fiáveis.

Para além da formação no seio das Forças de Defesa Húngaras, é necessário, quanto mais cedo melhor, formar as unidades e formações previstas para missões fora do país sobre a utilização do sistema de comando e as unidades previstas para o destacamento devem ser dotadas da quantidade necessária de estações de trabalho de qualidade satisfatória integradas no sistema "TOPCCIS".

Lista de literatura

1. Olah Jozsef: Requisitos do subsistema de planeamento de todas as armas e de controlo-comando;

2. Tu/50 - Diretivas de fogo de artilharia;

6. Dr. Furjan Attila: Reconhecimento de artilharia e processamento de dados de inteligência no sistema integrado de inteligência, questões teóricas e práticas nas Forças de Defesa Húngaras - ensaio de doutoramento (1999);

7. Tu/42 - Avaliação da fotografia aérea na artilharia (livro de referência);

11. Cartografia Militar - (manual) editado por ZM NDU e HDF Mapping Office (1997);

12. Gestão de crises - (Tarefas alteradas das forças armadas) - (livro de referência) 1994;

13. Military Science Lexicon, Associação Húngara de Ciências Militares, Budapeste (1955);

14. Furjan Átila: Possibilidades e condições do reconhecimento ótico em subunidades de artilharia - (Palestra na Faculdade);

18. Klaus-Michael Schmidt: Artillery Systems from point of view of Ground Forces armament, Soldat und Technik, 1996/5 - Traduzido por Varga Laszlo;

19. Karl-Heinz Totz, Markus Hilbrecht: ABRA, Radar de Campo de Batalha de Artilharia;

20. Raytheon Systems Company, Raytheon Battlefield Radar Sensors and Electronics Systems, Califórnia (EUA), 1999;

2 1 . MOD Instituto de Tecnologia Militar - Veículos Aéreos de Reconhecimento Não Tripulados (Estudo);

22. Apoio de fogo da Brigada de Infantaria Mecanizada e controlo de fogo das unidades de artilharia tendo em conta as doutrinas da NATO - livro de referência, Szekesfehervar, 1999;

23. Vojenno-Isztoricseszkij Zsurnal - 1981 - N.º 11;

24. Intelligence Doctrine - Publicado por HGS Euro-Atlantic Integration Workgroup;

25. FM-6-121 Aquisição de alvos de artilharia de campanha - Publicado pelo HGS EuroAtlantic Integration Workgroup;

26. FM-6-20-2 Tácticas, Metodologia e Procedimentos do Quartel-General de Artilharia de Corpo, Artilharia de Divisão e Brigada de Artilharia de Campanha - Publicado pelo Grupo de Trabalho de Integração Euro-Atlântica da HGS - 1996;

28. FM-30-4 Avaliação de dados de informações - Publicado pelo HGS EuroAtlantic Integration Workgroup;

29. Preparação da informação para o teatro de guerra - Publicado pelo Grupo de Trabalho de Integração Euro-Atlântica da HGS;

30. 1. Manual de Apoio de Fogo da Divisão de Infantaria - Publicado por HGS EuroAtlantic Workgroup;

31. DTA-50 Vetor Map, DTM-50 Terrain Elevation Model EOV Projection Version - Produzido pelo HDF Mapping Office;

32. Software: - ESRI ArcView 3.2, Spatial Analyst,

-MAPOBJECTOS 2.0;

- Borland Delphi 5 Enterprise edition;
- MS SQL Server 2000;

33. FM-6-20-2 Artilharia de Divisão, Brigada de Artilharia de Campanha e Artilharia de Campanha
Direção (Corpo) 1966- Publicado por HGS Integração Euro-Atlântica
Grupo de trabalho;

34. FM-100-15 Corps Operations (1996) - Publicado pelo HGS Euro-Atlantic Integration Workgroup;

35. FM-6-20-1 Field Artillery Tube Battalion Tactical Doctrine, Modes of Operation - Publicado pelo HGS Euro-Atlantic Integration Workgroup, Budapeste, 1997;

36. FM-34-1 Intelligence and Electronic Warfare - Publicado pelo HGS EuroAtlantic Integration Workgroup (1996).

3. Capacidades e possibilidades de aplicação do subsistema funcional de informações do sistema de comando assistido por computador "HUTOPCCIS" que funciona numa base de sistemas de informação geoespacial

O comando operacional deve ser implementado sempre na área de operações, ou área de responsabilidade, utilizando meios de comando que tenham um efeito direto nas actividades operacionais, que sejam capazes de reagir rápida e operacionalmente às mudanças na situação e que disponibilizem as forças e o equipamento necessários em tempo útil, de acordo com a situação atual, para apoiar a atividade de combate. Estes requisitos são satisfeitos pelos sistemas de comando no terreno.

O Sistema de Informação de Comando e Controlo Operacional Tático deve ter subsistemas capazes de cobrir, assegurar e servir - em resumo, apoiar - os sistemas do campo de batalha operados pelas forças de combate (manobra) e pelas unidades e subunidades de apoio ao combate durante o planeamento e o comando, ao nível das forças terrestres, brigadas, batalhões e companhias.

Um dos subsistemas mais importantes é o subsistema funcional de planeamento de informações, comando e processamento de dados. Permite um processamento rápido e profissional dos dados de informações sobre os alvos, apresentando-os com os símbolos normalizados em mapas digitais e agrupando-os prontamente por prioridade; deste modo, facilita grandemente a previsão do comandante da manobra, presta assistência na tomada de decisões e fornece dados precisos sobre os alvos aos grupos de apoio ao fogo para o planeamento dos alvos.

O presente estudo tem por objetivo apresentar os resultados do desenvolvimento, as capacidades e as possibilidades de aplicação do subsistema funcional de planeamento e comando da informação assistida por computador e de processamento de dados que funciona com base em sistemas de informação geoespacial.

Palavras-chave: Sistema de comando "HUTOPCCIS", informações sobre alvos, relatórios sobre alvos, análise de alvos, processamento de dados sobre alvos, mapa digital, sistemas de informação geoespacial, planeamento de informações em mapas digitais, exame de visibilidade, alvos detectados, monitorização do fogo para efeitos.

A liderança operacional e tática é um sistema de comando e controlo diferente do comando normal em tempo de paz, cujo principal objetivo é planear a utilização económica e orientada das capacidades disponíveis, definir tarefas e missões ao nível operacional ou tático e controlar os processos de emprego.

As forças armadas modernas só podem cumprir as tarefas determinadas nos chamados níveis de ambição, as tarefas de previsão - em emprego ou não ao abrigo do artigo 5º do Tratado do Atlântico Norte - e satisfazer os requisitos dos tempos modernos e os estabelecidos pela aliança se possuírem e aplicarem um "Sistema de Informação de Comando e Controlo Tático" que - como elemento do sistema de comando automatizado das futuras unidades terrestres - assegure o planeamento do emprego, bem como o comando das unidades, subunidades e forças de serviço de combate (manobra), unidades, subunidades e forças de apoio ao combate e de serviço ao combate, enquanto elemento do sistema de comando automatizado das futuras unidades terrestres.

Os subsistemas do sistema do campo de batalha são dirigidos ao nível das forças, mas devem ser independentes, na medida adequada, em cada nível intermédio independente. O acesso aos dados e às informações é controlado em todos os níveis de emprego e de comando; um elemento de comando de nível inferior, o seu pessoal de gabinete e os departamentos só têm acesso aos dados e às informações de nível superior que tenham sido autorizados e disponibilizados pelo nível superior para o cumprimento da missão.

Subsistemas já desenvolvidos do sistema de comando "HUTOPCCIS":

1. Subsistema funcional de registo e manutenção do pessoal e do estabelecimento técnico;
2. *Subsistema funcional de planeamento e comando de informações e processamento de dados;*
3. Subsistema funcional de todos os braços (operacional);
4. Subsistema funcional de apoio ao fogo;
5. Subsistema funcional de planeamento do itinerário e comando da marcha;

Criadores do sistema de comando tático assistido por computador

- Dr. LTC Attila Furjan, Professor Associado (Univ.);
- Programador principal: Gyorgyne Lepesi.

O objeto do presente estudo é a essência e as capacidades de um dos subsistemas mais importantes do sistema de comando: o subsistema funcional de informações.

Subsistemas de apoio ao combate - subsistema funcional de informações.

O objetivo do subsistema funcional de informação

O subsistema de informações e de tratamento de dados assegura o planeamento e a atribuição das tarefas de informações, a determinação das missões de combate, a criação da base de dados das forças inimigas e não-amigas previstas e o planeamento do agrupamento, da colocação e das actividades dos elementos de informações/reconhecimento na fase das operações, da atividade de combate e do emprego das unidades e subunidades de combate (manobra), de apoio ao combate e de serviço de combate. Através do apoio a todas estas tarefas, assegura a elaboração profissional e a preparação de planos, ordens, esboços, documentos, registos necessários ao comando de operações, batalhas.

O subsistema permite a recolha, o registo preciso, a elaboração operacional e tática dos dados e informações recolhidos e comunicados pelos elementos do sistema unificado de informações (reconhecimento de combate, reconhecimento de longo alcance, artilharia, engenharia, proteção química, etc.). Com base nas bases de dados e nos planos criados durante a preparação das operações e dos combates, desenvolve informações completas e permite a transmissão de informações aos postos de comando, grupos de trabalho, departamentos.

O subsistema apoia e assegura a criação e a manutenção contínua do "Registo de Informações", tanto em papel como em formato digital.

Capacidades e possibilidades de aplicação do subsistema funcional de informação

- pode ser utilizado em situações tácticas e operacionais, bem como na gestão de crises;
- para o utilizar, são necessários conhecimentos profissionais e competências informáticas de nível intermédio;
- no tratamento dos dados de informações, tem em conta os requisitos da NATO STANAG;
- o mapa digital DTA-50 e o modelo de elevação digital criados pelo Gabinete de Geo-informação das Forças de Defesa Húngaras são utilizados como plataforma de base;
- oferece a possibilidade de definir diferentes escalas no mapa digital e de ajustar a grelha UTM;
- As coordenadas UTM, MGRS e as coordenadas geográficas utilizadas pela NATO podem ser introduzidas e obtidas a partir dos mapas digitais;
- a transformação de coordenadas para as zonas adjacentes no sistema de projeção UTM é totalmente suportada;
- A medição de distâncias é possível no mapa digital;
- podem ser adquiridos dados de altura (através de um modelo digital de

elevação);

- um mapa raster (digitalizado) pode ser utilizado como plataforma de base;
- O ortofoto digital pode ser utilizado como plataforma de base;
- Podem ser introduzidos dados de informações de alvos fixos e móveis, as informações de inteligência podem ser recolhidas, processadas e apresentadas num mapa digital com símbolos padrão da NATO (de acordo com o APP-6C);
- o valor das informações de inteligência pode ser definido de acordo com o NATO STANAG;
- a informação de inteligência pode ser consultada selecionando o símbolo dos alvos detectados no mapa digital;
- as posições e postos das forças e meios de informação/receção podem ser planeados utilizando o mapa digital;
- as capacidades de reconhecimento e a visibilidade podem ser visualizadas e examinadas a partir das posições e postos de informações/rececionamento;
- as capacidades e a visibilidade global de todas as fontes de informação podem ser examinadas;
- As zonas-alvo podem ser visualizadas no mapa digital (zonas A, B1, B2, C e D);
- os alvos detectados podem ser agrupados por prioridade, listados e impressos;
- as manobras e os movimentos das forças e dos meios de informação/rececionamento podem ser geridos, as estimativas e os cálculos das manobras podem ser efetuados;

O processo de informação

"O ciclo de inteligência é uma atividade durante a qual a informação é adquirida, recolhida e transformada em dados de inteligência, para os tornar disponíveis para os utilizadores."[1]

O processo (ciclo) de inteligência inclui quatro partes:

- controlo (atribuição de tarefas);
- aquisição de dados (recolha de dados);
- processamento;
- distribuição (comunicação).

Controlo (atribuição de tarefas);

A primeira fase do processo de informações envolve a definição de requisitos pelo

[1] Intelligence Doctrine - General Staff Euro-Atlantic Integration Work Group, Budapeste 1996 p-51.

comandante e pelo pessoal das informações e operações. O comandante define a missão e as orientações básicas em matéria de informações e, juntamente com o estado-maior, executa as tarefas de planeamento, comando e controlo e tomada de decisões para definir a avaliação dos dados de informações e assegurar a sua aplicação contínua.

Os dados de informações são principalmente necessários ao G2 ou S2, bem como aos oficiais do G3 ou S3 e ao oficial coordenador do apoio de fogo (FSCOORD). O G2 ou S2 controla a recolha de dados de informações e o trabalho de avaliação de todas as fontes de dados, e assegura que as informações do campo de batalha e os dados de informações são rapidamente distribuídos.

O Comandante define as chamadas "Necessidades Primárias de Informações" com base em propostas do G2 ou do S2. Estas analisam a tarefa atribuída, a situação do inimigo, as condições do terreno, a orientação do Comandante e o conceito de operações (combate), de modo a definir as necessidades de dados e informações de informações. As tarefas assim elaboradas contribuirão para a realização do objetivo primário comum das informações, levado a cabo por todas as forças e meios de informações/rececionamento, ou seja: fornecer os dados de informações necessários sobre o inimigo e o terreno para assegurar a previsão, tirar conclusões corretas e destruir o inimigo pelo fogo.

Conteúdo e preparação das bases de dados

Os dados necessários são preparados e aperfeiçoados durante o processamento informático. Os alvos inimigos esperados são introduzidos na base de dados de "Alvos Esperados e Detectados", tendo em conta a sua estrutura. (Figuras 1, 2). Indicam a destruição dos alvos no campo de destruição por ordem de prioridade, de acordo com os requisitos da NATO. Como se segue:

- Imediatamente , interrompendo uma greve em curso, se necessário;
- Após a aquisição, logo que os activos estejam disponíveis;
- P de acordo com o plano.

Esclarecem os Alvos de Alto Valor (HVT's) do inimigo na base de dados do "Sistema de Alvos" (Figuras 3, 4). Os HVT's representam um valor elevado do ponto de vista do inimigo, ou seja, as forças e os meios mais necessários para o cumprimento da sua missão. Por exemplo: se as forças inimigas estão a preparar uma operação de ataque (batalha) numa área onde existem várias travessias de rios, então os meios de engenharia que asseguram a travessia dos rios serão considerados alvos de elevado valor.

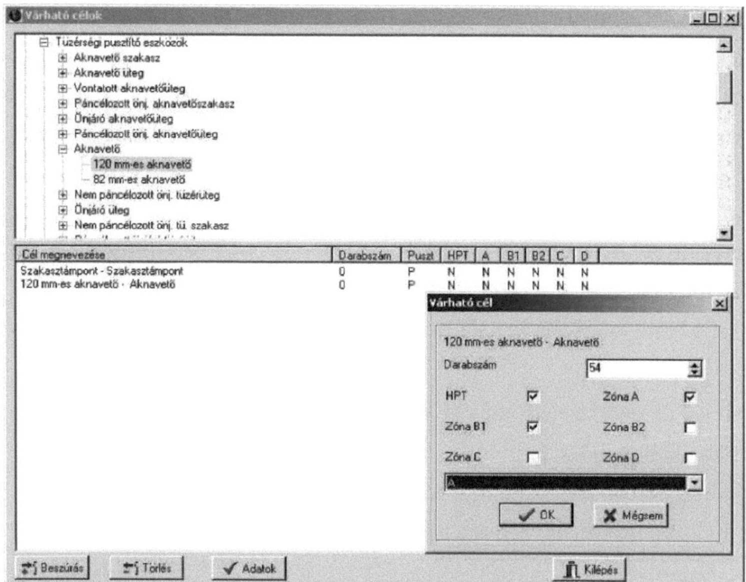

Figura 1: Base de dados de alvos previstos e detectados (fonte própria)

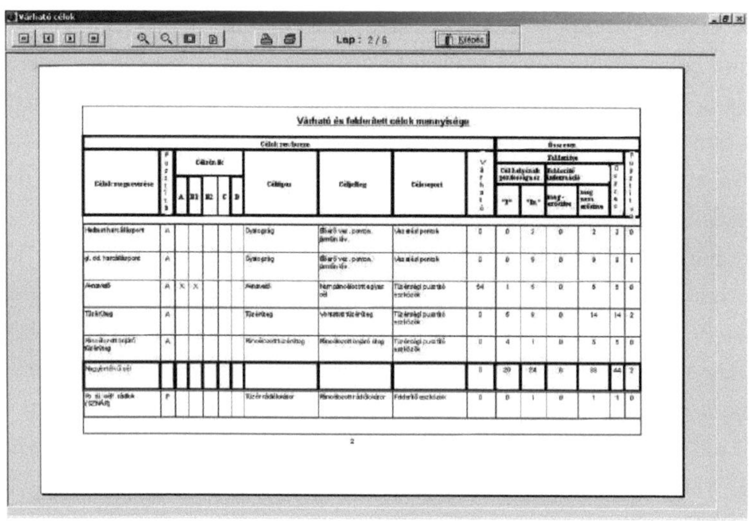

Figura 2: Lista de alvos previstos e detectados (fonte própria)

Os objectivos de elevado valor (HVT) - a partir dos quais devem ser selecionados os objectivos de elevado retorno - incluem os seguintes grupos de objectivos:

- Armas de destruição maciça (por exemplo, plataformas de mísseis adequadas para o lançamento de armas de destruição maciça);

- Armas de artilharia (baterias e pelotões de artilharia, de lançadores de canhões múltiplos e de morteiros);
- Artilharia antiaérea (baterias e pelotões de mísseis antiaéreos e de artilharia);
- Postos de comando (postos de observação de apoio de fogo e observadores, centros automatizados de controlo de fogo e de ataque da artilharia, postos de observação de comando, postos de comando avançados, centros de comunicações, até às brigadas do primeiro escalão, centros e postos de comando, orientação, controlo e alerta das forças aéreas, até ao nível de brigada);
- Activos de inteligência e de inteligência de alvos, centros de processamento de dados;
- Meios de guerra eletrónica (EW) (meios de reconhecimento eletrónico, postos de comando de batalhões de bloqueadores de rádio);
- Tropas de combate (ataque), reservas;
- Unidades logísticas, centros logísticos;
- Aeroportos.

O comandante deve identificar os chamados alvos de elevado retorno (HPT). Os alvos de elevado retorno (HPT) são alvos de elevado valor (HVT), e atacá-los contribuirá grandemente para a realização dos seus próprios objectivos operacionais (tácticos). O G2 ou o ramo S2, em cooperação com o oficial de apoio de fogo (FSO) e outros ramos do pessoal, propõe quais os HVTs que devem ser qualificados como HPTs. Na minha opinião, a interpretação correta destes dois conceitos é da maior importância, uma vez que as chamadas publicações FM incluem imprecisões de tradução, por exemplo, tanto os alvos HV como os HP são designados por "alvos de elevado valor" na tradução várias vezes, o que é errado, uma vez que as suas denominações em inglês são diferentes e as suas definições também são substancialmente diferentes. A tradução literal húngara de "High Value Target" exprime o sentido da expressão. A tradução literal húngara de "High Pay-off Target" (HPT) significaria alvos que compensam, ou seja, a sua destruição é prioritária do ponto de vista das próprias forças para a realização dos objectivos operacionais (tácticos). (Figura 3)

A sua tradução literal para húngaro não se adequa à língua; por conseguinte, é preferível designá-los por "objectivos de elevada prioridade" em húngaro. Assim, os objectivos de elevado retorno (HPT) são selecionados a partir de objectivos de elevado valor (HVT), ou seja, cada objetivo de elevado retorno (HPT) é também um objetivo de elevado valor (HVT), mas nem todos os objectivos de elevado valor

(HVT) serão um objetivo de elevado retorno (HPT). A decisão de qualificar um HVT como HPT exige um trabalho de coordenação cuidadoso no seio do pessoal. Apenas os HVTs serão qualificados como HPTs, que devem ser reconhecidos e atingidos de forma a cumprir as tarefas especificadas pelo Comandante.

Os HPT, devido à sua importância, têm prioridade no decurso da especificação das tarefas de informações. Os HPT devem ser identificados tanto na base de dados dos alvos esperados e detectados (Figura 1) como na base de dados do sistema de alvos (Figura 4). Deste modo, o software agrupará os HPT separadamente do resto dos alvos comunicados durante a recolha de dados.

Os dados iniciais necessários devem ser introduzidos na primeira fase do processo de informação, tais como

♦ Nome, indicativo de chamada e coordenadas das subunidades próprias de informações/rececionamento; - as coordenadas são UTM, como na NATO. A lista das forças próprias pode ser impressa sob a forma de um gráfico.

A base de dados inclui os símbolos normalizados de todos os recursos de informações/rececionamento, para que possam ser apresentados no mapa digital.

A base de dados de manutenção do exercício deve ser preparada durante o planeamento, devendo ser introduzidos os seguintes dados

♦ o número de processos de dados-alvo; - o que significa o conjunto de dados de informações a serem processados num intervalo de tempo tático (operacional). Um novo processamento de dados alvo pode ser aberto a qualquer momento - de acordo com a situação tática - e o antigo processamento de dados alvo pode ser guardado e recuperado a qualquer momento.

♦ a direção de base;

♦ as coordenadas do campo de batalha (largura e profundidade);

♦ no início do exercício:

Os alvos são agrupados numa ordem lógica (grupo principal de alvos, grupo de alvos, nome do alvo, tipo e natureza do alvo) na base de dados do sistema de alvos. As propriedades predefinidas dos alvos são indicadas, tais como a cobertura, a dimensão, se se qualifica como um HPT, quando está planeada a sua destruição. Além disso, a base de dados pode armazenar imagens dos alvos (instalações, equipamento) e os seus dados técnicos e de combate mais importantes. Assim, estes dados de imagem e de texto podem ser recuperados e examinados em qualquer altura durante a avaliação dos alvos (Figura 11). O sistema de alvos inclui atualmente os dados de 203 alvos, mas pode ser aumentado - também durante uma batalha. A base de dados inclui os símbolos padrão da NATO dos alvos, pelo que podem ser visualizados no mapa digital.

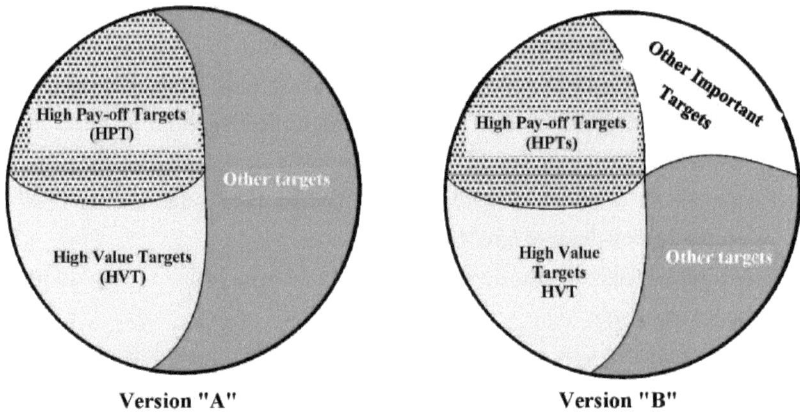

Figura 3: Composição dos objectivos (fonte própria)

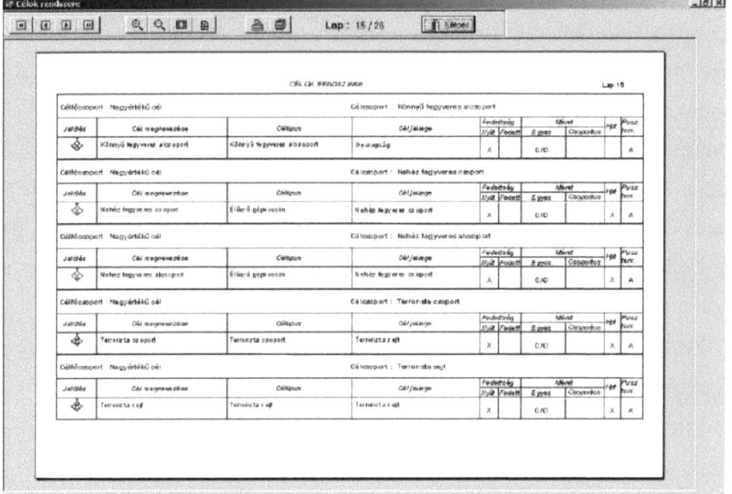

Figura 4: Sistema da base de dados dos objectivos (fonte própria)

Para além destas, estão disponíveis as seguintes bases de dados:

♦ o ficheiro do número do alvo atual; - a partir do qual o software fornece um número de alvo para os alvos; - A numeração dos alvos inclui duas letras e quatro números, de acordo com o NATO STANAG. A primeira letra representa o país, a segunda a unidade militar (por exemplo, QB0801).

♦ manutenção do equipamento; - inclui os meios de informação/receção e as suas propriedades (propriedades de precisão e fiabilidade e capacidades de reconhecimento das fontes e meios de informação). A lista dos meios de informação/receção pode ser impressa sob a forma de um gráfico.

A borda frontal é designada no mapa digital na fase de preparação para o combate. Existem duas formas de a designar:

- Desenhando-o diretamente no mapa digital durante o planeamento;
- Depois de assumirem a formação de combate, as subunidades de informações de artilharia comunicam as coordenadas exactas da borda frontal através de coordenadas polares ou cartesianas ao longo da borda frontal, com intervalos de 50-100 m.

As subunidades de informação de artilharia avançada têm a obrigação de observar continuamente o limite da frente, de modo a que, no caso de o limite da frente ser deslocado 500 m, as tropas de informação de artilharia (grupos de apoio e de observação de fogo) localizadas na frente possam comunicar e apresentar instantaneamente o novo limite da frente sob a forma de dados cartográficos, que serão depois refinados pelo software e visíveis no mapa digital em conformidade.

O conceito da NATO sobre a informação de alvos prescreve a divisão das áreas operacionais (tácticas) do inimigo em zonas. Estas zonas incluem, na prática, zonas-alvo adjacentes. Como tal, os HVTs estão localizados nestas zonas durante as operações (batalhas). No decurso da avaliação dos alvos inimigos, devem descobrir em que zona se espera que os HVT estejam localizados e indicá-lo na coluna "zonas-alvo" da base de dados dos alvos esperados e detectados.

Localização dos HPTs nas zonas-alvo

A primeira zona é a zona "A", a uma distância de 0-5 km da linha de contacto. As tropas de combate do inimigo, a artilharia de campanha e antiaérea, os meios de reconhecimento, de alcance e de informação de alvos, os postos de comando e os centros de comunicações estão localizados nesta zona.

A principal tarefa do reconhecimento visual é especificar os HPT na zona "A". Os canhões perfurantes de 100 mm, que são normalmente utilizados para colocação direta, mas que também podem ser utilizados para colocação indireta, estão localizados nesta zona. O equipamento do grupo de artilharia de divisão está situado a 3-6 km de profundidade, no final da zona "A". Estes meios incluem canhões de 130 mm adequados para o lançamento de ogivas nucleares, canhões-howitzers de 152 mm, obuses autopropulsados e motorizados, lançadores de canos múltiplos de 122 mm e 220 mm.

Estes sistemas de armas têm grande capacidade de destruição, representando um perigo direto e uma ameaça para as próprias tropas.

A destruição dos postos de comando em tempo útil é muito importante na luta contra a artilharia inimiga. A experiência de guerra tem demonstrado que uma grande parte da artilharia inimiga não é capaz de efetuar um fogo de retorno devido à neutralização e supressão dos postos de comando, centros e linhas de comunicações. Nas circunstâncias modernas, esta tarefa pode ser levada a cabo mais eficientemente através da supressão eletrónica de rádio, o que não exclui a necessidade de destruir postos de comando por meios de artilharia. Os tipos de organização de informações/rececionamento das Forças de Defesa Húngaras dispõem de diferentes forças e meios para o reconhecimento e a interseção gráfica dos alvos na zona "A".

Os grupos de apoio e observação de fogo da companhia e as tropas de reconhecimento de combate que possuem telémetros laser são capazes de detetar alvos em toda a profundidade da zona "A" - dependendo da linha e do alcance da visão - e de especificar as coordenadas com precisão (até 75 m de precisão). Para além das subunidades de reconhecimento visual acima mencionadas, as estações de localização por rádio SNAR das tropas de reconhecimento de combate e de inteligência de artilharia também são capazes de detetar e especificar com precisão a posição de alvos inimigos móveis - dependendo da visibilidade.

No entanto, não está disponível uma quantidade suficiente deste equipamento, pelo que não são capazes de cobrir a zona "A" da área de combate em toda a sua largura sem lacunas. O reconhecimento das baterias de artilharia e de morteiros pode ser efectuado a essa profundidade pela bateria de reconhecimento acústico numa largura de reconhecimento de 12 km e até 20 km de profundidade. É aconselhável que a bateria de reconhecimento sonoro seja empregue na área dos principais esforços de reconhecimento.

Em condições nocturnas, apenas as subunidades de alcance relâmpago são capazes de efetuar reconhecimentos - até 2 km - que estejam equipadas com dispositivos de visão nocturna. No futuro, é necessário que as subunidades de telemetria sejam equipadas com dispositivos de visão nocturna.

Também as forças de combate (manobra) localizadas na extremidade da frente podem fornecer informações úteis sobre esta zona, embora o posicionamento possa ser impreciso e deva ser aperfeiçoado por informações adicionais.

É de notar que, numa situação de limiar de guerra e durante a gestão de crises, as patrulhas de guarda-fronteiras que servem ao longo da fronteira do país podem fornecer as primeiras informações até uma profundidade de cerca de 3 km da fronteira, com um posicionamento impreciso.

A segunda zona, a zona "B1", é a faixa compreendida entre 5 e 20 km da linha de contacto. Espera-se que a maior parte dos alvos inimigos de alto rendimento, ou seja, as baterias e pelotões de artilharia, artilharia antiaérea, morteiros, lançadores de canhões múltiplos, serviços de informação, meios de reconhecimento de alvos, postos de comando e centros de comunicações, dispositivos electrónicos de rádio, estejam localizados aqui. O grupo de artilharia de divisão está situado no limite da zona "A" ou na extremidade dianteira da zona "B", normalmente a 3-6 km da linha de contacto. Estes meios incluem canhões de 130 mm e canhões de 152 mm, obuses e lançadores de canos múltiplos. Os lançadores de canos múltiplos permanecem num local coberto (escondido) até receberem ordem de fogo. Ao receberem a ordem de fogo, tomam as suas áreas de posição de fogo preparadas, lançam fogo e efectuam imediatamente manobras. A área da posição de tiro será abandonada dentro de 5 a 15 minutos. Este sistema de emprego também é aplicado pelos mísseis tácticos.

Atualmente, a base do grupo de artilharia é constituída por sistemas de artilharia autopropulsada, a maioria dos quais (cerca de 80 %) são blindados. Estes têm uma grande capacidade de manobra, o que lhes permite permanecer nas posições de tiro apenas durante o tempo de disparo. Na realidade, isto demora cerca de 10 minutos, e ainda menos no caso dos sistemas de canhões múltiplos. No entanto, existem requisitos ainda mais rigorosos para os futuros sistemas de fogo. O tempo de permanência da subunidade na área da posição de tiro não deve exceder 5 minutos. Os peritos militares estrangeiros argumentam que, ao diminuir o tempo de permanência das subunidades de artilharia nas posições de tiro, é possível garantir uma invulnerabilidade mais elevada do que através de uma posição de tiro tecnicamente equipada.

Uma destruição eficaz de alvos com grande capacidade de manobra, como as subunidades de artilharia autopropulsada, só pode ser bem sucedida se forem destruídas imediatamente após a deteção. Isto, por sua vez, torna mais rigorosos os requisitos relativos aos meios de informação/receção, à recolha de dados e ao processamento de dados. Estes devem fornecer informações completas sobre o alvo, incluindo dados sobre - para além das coordenadas - o calibre e o número de armas e a dimensão da área ocupada pela subunidade. Estes dados facilitarão a seleção das forças e do equipamento a utilizar na destruição dos alvos, assegurarão a escolha do método de disparo adequado e excluirão a utilização desnecessária de forças e equipamento na destruição de armas individuais (itinerantes).

Por conseguinte, a aplicação de meios de deteção de alvos precisos e de longo alcance é da maior importância. Mesmo as subunidades de alcance de flash que estão equipadas com telémetros laser são capazes de apoiar o reconhecimento e o disparo apenas até 10 km do limite da frente, a 5 km de profundidade do limite da zona "B1", ou seja, até 1/3 da zona. A bateria de sonar é capaz de localizar a posição dos morteiros do inimigo por intersecção gráfica até - dependendo do calibre - 5-8 km e as baterias de artilharia até 18-20 km da área de implantação. Uma vez que a subunidade de deteção de som está implantada a 3 km de profundidade a partir da própria frente e numa largura de 8-10 km, este complexo é capaz de efetuar o reconhecimento apenas até ao meio da zona "B1".

A estação de rádio localizadora SNAR-10 pode detetar alvos móveis (colunas) até à profundidade de 23 km com uma precisão de 20 m. Por conseguinte, este meio pode ser utilizado para toda a profundidade da zona "B1". Mas tem as suas limitações. O seu sector de reconhecimento é limitado a: 4-40 mils, e só são capazes de fazer o reconhecimento de alvos de alto rendimento (baterias de artilharia) quando estão em movimento ou a efetuar uma manobra.

Em condições de visibilidade favoráveis, o reconhecimento aéreo visual é possível até 15-20 km. As coordenadas do alvo devem ser especificadas através da sincronização entre o mapa e o terreno, o que resultará numa precisão ou imprecisão aproximada. No processo de desenvolvimento dos sistemas de artilharia, há uma forte tendência para aumentar ainda mais o alcance do fogo, para mais de 40 km. Isto permite a localização de posições de fogo fora do alcance dos localizadores de rádio terrestres, o que aumenta a importância do reconhecimento aéreo.

É de referir que as Forças de Defesa húngaras não dispõem de meios de reconhecimento fiáveis que permitam localizar os alvos de alto rendimento, especialmente o equipamento de artilharia por intersecção gráfica nessa zona. Os morteiros são alvos de alto rendimento com grande capacidade de destruição e são especialmente difíceis de detetar, uma vez que normalmente tomam posições de tiro em ravinas, no lado oposto das montanhas, em fossos ou ravinas, em margens íngremes de rios, atrás de instalações, em edifícios em ruínas e caves, zonas de arbustos, clareiras na floresta e outros locais onde a sua camuflagem é fácil e o reconhecimento é difícil. Os morteiros não emitem sinais tão facilmente detectáveis como os canhões. Por isso, a deteção de morteiros inimigos é extremamente difícil devido ao pequeno número de sinais detectáveis e à grande capacidade de manobra e camuflagem. Quanto às subunidades de artilharia, a sua destruição é dificultada pelo facto de permanecerem nas posições de tiro durante um período de tempo insignificante.

Os canhões, os lançadores de canos múltiplos e os morteiros são mais susceptíveis de serem objeto de reconhecimento enquanto estão a disparar. As subunidades de reconhecimento da NATO utilizam os localizadores AN/TPQ-36 (até 20 km) e os localizadores AN/TPQ-37, 47, ARTHUR e COBRA (até 35-50 km). Estes localizadores podem localizar as baterias de artilharia e morteiros inimigos (pelotões) de forma muito rápida e precisa, e permitem a destruição imediata após a deteção. Os localizadores funcionam com processamento informático. Detectam e seguem os projécteis de artilharia e morteiros em voo. Os dados adquiridos ao seguir o percurso do projétil são utilizados para determinar a trajetória, o que permite estimar a posição da arma ou o ponto de impacto. O operador do localizador pode enviar os dados na forma requerida, digitalizados para o centro de controlo de fogo apoiado, e armazená-los na memória do localizador, ou apagá-los se a situação o exigir. Estes meios são emissores de radiação e, por conseguinte, estão expostos à guerra eletrónica.

O equipamento do grupo de artilharia do exército está também situado na zona "B1", a uma distância de cerca de 4-12 km da linha de contacto. O grupo de artilharia do exército inclui meios de fogo de tubo e morteiros pesados.

A zona "B2" está situada a 20-40 km da linha de contacto. Esta zona é provavelmente ocupada por mísseis tácticos e antiaéreos inimigos, o posto de comando da divisão, centros de defesa antiaérea, centros de abastecimento e logística e o segundo escalão de tropas de combate (reservas). Os alvos nesta zona representam um valor muito elevado e - principalmente os mísseis tácticos - representam um perigo significativo para as próprias tropas.

As subunidades de reconhecimento das Forças de Defesa Húngaras não dispõem atualmente de meios de informação/recetores que lhes permitam detetar alvos de alto rendimento nesta zona. Do mesmo modo, devido ao alcance de tiro, a nossa artilharia não é capaz de destruir alvos nessa zona, pelo que esta missão caberia à força aérea se a questão do reconhecimento fosse resolvida. É altamente necessário introduzir equipamento de artilharia de longo alcance - principalmente de canos múltiplos.

Promissor é o facto de as HDF estarem a desenvolver um avião de reconhecimento não tripulado, que asseguraria o reconhecimento contínuo e o apoio de fogo em toda a profundidade tática. A vantagem do sistema reside no facto de o centro de processamento de dados receber informações sobre os alvos inimigos em simultâneo com o reconhecimento, e também de os resultados da destruição pelo fogo poderem ser especificados de forma direta e fiável. Também é muito importante que os localizadores de rádio para a deteção de equipamento de artilharia sejam introduzidos na organização de artilharia, o que proporcionaria a capacidade de reconhecimento de alvos de alto rendimento nas zonas "B1" e "B2" e de apoio ao disparo contra esses alvos.

A zona "C" fica a 40-60 km da linha de contacto e é aqui que se situa a reserva (2nd echelon) do inimigo na sua área de aquartelamento. A informação sobre estes alvos pode ser recolhida principalmente a partir de fontes de informação, e a sua destruição só seria possível pela força aérea.

A zona "D" é a área situada a 60-150 km da linha de contacto, onde se espera que estejam localizados os mísseis operacionais e antiaéreos inimigos, os postos de comando e centros de comunicações, aeroportos, unidades logísticas, centros de abastecimento e armazéns. Qualquer informação sobre alvos nesta zona pode ser obtida através dos canais de informação, e a sua destruição só seria possível pela força aérea.

Investigações científicas levadas a cabo por cientistas militares ocidentais e russos demonstraram que o combate a alvos de alto rendimento, especialmente equipamento de artilharia de grande destruição nas circunstâncias modernas, só pode ser bem sucedido se o tempo decorrido entre a deteção do alvo e o disparo for inferior a 1 minuto. Isto só pode ser conseguido através da integração abrangente dos meios de informação/reconhecimento e de destruição; da automatização total da recolha, processamento e transmissão de dados de informação para os meios de disparo; e da atribuição racional de zonas de reconhecimento, zonas de destruição por artilharia e zonas de supressão eletrónica de rádio.

Estas zonas-alvo são também indicadas no mapa digital, abrindo caminho para a atribuição profissional de tarefas no que respeita a alvos de elevado rendimento.

Aquisição de dados (recolha de dados)

De acordo com a definição da NATO, a recolha de dados é definida como: "No sentido da inteligência, é uma etapa da fase de processamento do ciclo de inteligência, durante a qual o registo de eventos é desenvolvido agrupando as peças correlacionadas de informação e dados de inteligência, facilitando o processamento posterior."[2]

De acordo com os princípios da NATO, os dados de informações são recolhidos de diferentes fontes. Esta informação é imediatamente processada de modo a fornecer os dados sobre os alvos necessários para as decisões tácticas. Para que o comandante possa utilizar plenamente o poder de fogo sob o seu comando, deve ser desenvolvida uma recolha eficaz de dados de informações. As condições primárias para o êxito da recolha de dados de informações são o planeamento contínuo e a coordenação

[2] Intelligence Doctrine - General Staff Euro-Atlantic Integration Work Group, Budapeste - 1996. p.47.

sistemática da atividade de recolha.

A fim de utilizar as fontes, as forças e os meios de informação envolvidos na recolha de dados da forma mais eficaz possível, as suas possibilidades de emprego, capacidades e limitações devem ser bem conhecidas pelas pessoas que controlam as informações sobre os alvos.

Através do processamento informático, os utilizadores podem introduzir na base de dados as coordenadas exactas e as capacidades de informação/receio das forças de informação (activos) de quaisquer unidades (brigada, divisão). A aplicação do mapa digital facilita a recolha adequada de dados.

"O mapa digital é o produto de uma tecnologia de produção de mapas totalmente baseada em suporte informático - análise de fontes, recolha de dados, edição, atualização, armazenamento, saídas electrónicas e de reprodução - que estará intimamente ligada a uma base de dados digital topologicamente uniforme e, por conseguinte, será capaz de transmitir todos os elementos cartográficos e dados de propriedade necessários para a produção de produtos em papel, filme e digitais que podem ser atribuídos à informação digital 2D ou 3D.[3]

O "modelo digital de elevação" (DDM) facilita o planeamento adequado das forças e meios de informação no mapa digital. O modelo digital de elevação da Hungria está armazenado em 3 CDs. Com o DDM, o terreno pode ser modelado e a visibilidade pode ser rápida e adequadamente implementada através da colocação de um mapa digital vetorial ou raster no modelo cartográfico, pelo que a localização dos meios de informação pode ser adequada e rapidamente planeada na fase de preparação e implementação da operação (atividade de combate) (Figura 5). Com o DDM, as áreas descobertas podem ser rapidamente e precisamente especificadas e atribuídas às forças de reconhecimento que são capazes de as reconhecer (por exemplo, reconhecimento aéreo).

[3] Estudos de Cartografia Militar - I. ZMNE-1997. p.-227.

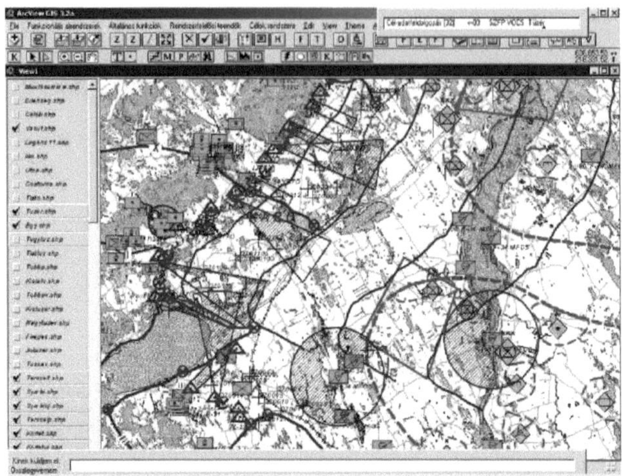

Figura 5: Capacidades de reconhecimento e exame da visibilidade dos meios de reconhecimento num mapa digital (fonte própria)

Relatórios de dados de inteligência e introdução no computador

A recolha e o tratamento dos dados de informação seriam efectuados pelo posto de comando e de tratamento de dados de informação, a estabelecer nos postos de comando das tropas de combate (brigada, força terrestre); e pelas secções de tratamento de dados de informação (FAR) a estabelecer nos postos de controlo de fogo da artilharia. Assim, os dados necessários para o controlo do fogo estariam imediatamente disponíveis através da rede de informações e seria estabelecida uma estreita cooperação entre os dois grupos.

As unidades que efectuam diretamente o reconhecimento, pertencentes a diferentes tipos de organizações de informações, comunicam os dados de informações através de um formulário normalizado de comunicação de informações, o "Intelligence Log", ao posto de comando e processamento de dados de informações (FAVP) e à secção de processamento de dados de informações (FAR) através de rádio ou de um dispositivo de telecomunicações de linha, caso ainda não tenha sido disponibilizado o meio de introdução de dados digitais no computador (Figura 6).

As subunidades de reconhecimento elaboravam relatórios no "Intelligence Log" nas colunas marcadas a preto. A numeração destas colunas está de acordo com a entrada de dados no computador (Figuras 6-7).

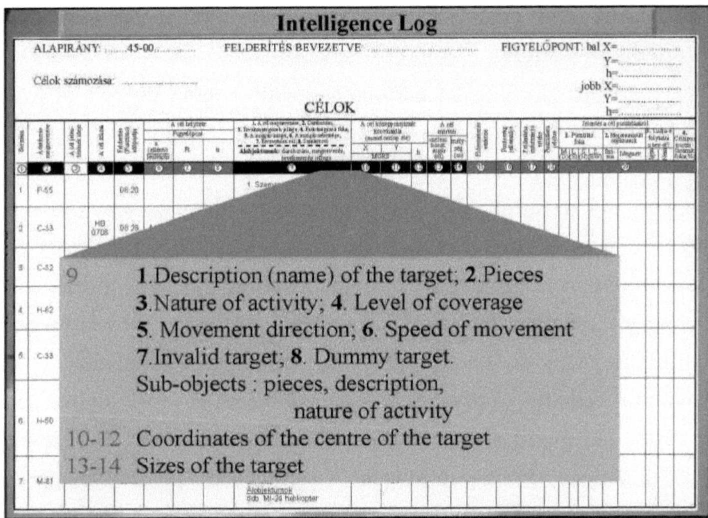

Figura 6: Registo normalizado de informações (fonte própria)

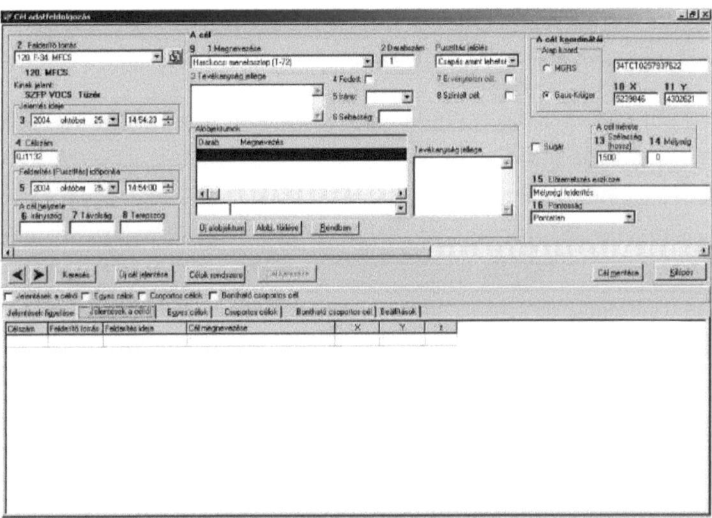

Figura 7: O registo digital desenvolvido (fonte própria)

Podem também ser comunicadas coordenadas polares (direção e distância), devendo nesse caso ser preenchidas as colunas 6, 7 e 8. Relativamente às colunas 15-18, só devem ser comunicadas as unidades de reconhecimento que não tenham dados na base de dados.

O operador do centro de informação e processamento de dados recebe o relatório via rádio ou através de um dispositivo de linha e introduz os dados no computador, seguindo a ordem do relatório.

O software apresenta e regista automaticamente a hora do relatório quando os dados de informações comunicados são introduzidos. Na coluna 9 do "Registo de Informações", também é possível introduzir texto. Todos os sub-objectos de um alvo agrupado podem ser introduzidos e estes alvos também serão resumidos por tipo e natureza do alvo. É claro que, para além do tipo de alvo, podem reportar aqui outras informações importantes sobre o inimigo encontradas de forma visual com sincronização ou estimativa do mapa e do terreno. Exemplo: "Povoação de Muhi D-1500, o inimigo activou os disparos de infantaria, blindados e morteiros, provavelmente preparando-se para um assalto". Estes relatórios e outros semelhantes podem ser feitos por guardas fronteiriços e diferentes patrulhas de reconhecimento, que inspeccionam as forças inimigas visualmente, possivelmente utilizando binóculos. Estes grupos normalmente não dispõem de quaisquer aparelhos, mas provavelmente apenas de mapas, pelo que especificarão a localização do alvo através de estimativas, em relação a um objeto ou a um ponto de observação que possa ser identificado no mapa.

Podem ser comunicadas informações adicionais sobre um alvo previamente indicado (n.º do alvo), que o software registará o relatório para esse mesmo alvo com a hora real do reconhecimento.

Para a comunicação nas colunas 10-11, as coordenadas podem ser introduzidas utilizando o sistema UTM, de acordo com os requisitos da NATO (coordenadas do Sistema de Referência de Grelha Militar - MGRS). Se um alvo for comunicado com coordenadas mais curtas, o software considerará o meio do quadrado especificado como a localização do alvo.

Para o n.º. 16, o indicador de exatidão do posicionamento através dos dados de informação pode ser um dos seguintes:

"P" - exato, "Pn" - inexato.

A precisão é um requisito básico para a especificação das coordenadas, da altura acima do nível do mar e da dimensão dos alvos detectados, o que garante a eficácia da destruição pelo fogo.

Requisitos de exatidão:

♦ - o erro de precisão na especificação das coordenadas dos alvos não deve ser superior a 75 m (diretrizes de artilharia húngaras de Tu/1, Tu/50);

♦ - o erro de precisão da largura e da profundidade ao especificar a dimensão dos grupos de alvos não deve ser superior a 100 m (diretrizes de artilharia húngaras de Tu/1, Tu/50);

♦ - o erro de precisão na especificação da altura dos alvos não deve ser superior a 5 m;

Exato ("P"): se os requisitos de exatidão acima referidos forem cumpridos.

Impreciso ("Pn"): se o erro de precisão na especificação das coordenadas dos alvos for superior a 75 m.

Cada meio ou método de reconhecimento tem a sua precisão caraterística de especificação de coordenadas, que é simbolizada pelo erro médio (Ek). Como o erro médio é uma componente do erro cumulativo da pontaria de tiro, o resultado do disparo depende diretamente dele. Por conseguinte, o efeito deste erro médio pode ser avaliado através da probabilidade de realização da missão de tiro.

O coronel S. Zajcev, conselheiro da Academia, Csc. de Ciências Militares, o coronel V. G. Ramicun, Csc. de Ciências Militares, e o major A.N. Sautin efectuaram investigações sobre a dependência da probabilidade de destruição de diferentes alvos em relação ao erro médio de especificação das suas coordenadas. (Gráfico 2).

Description	Sizes (m)		Average error of specifying coordinates (m)	Probability of accomplishment of the firing mission
	width (m)	length (m)		
Firing line of a self-propelled battery incl. 6 guns situated in firing position	250	150	30 50 70 100	0.82 0.62 0.39 0.08
Division Command Post	320	320	30 50 70 100	0.96 0.89 0.76 0.48

Gráfico 2 Relação entre a probabilidade de realização da missão de tiro e o erro médio de especificação das suas coordenadas

O gráfico mostra que, com o aumento do erro médio de especificação das coordenadas (Ek), a possibilidade de realizar a missão de tiro diminui significativamente, especialmente se o erro médio aumentar para ou acima de 70 m. As estimativas feitas pelos cientistas mostraram que esta dependência também se aplica a outros tipos de objectos.

A coluna 17 do "Registo de Informações" deve ser preenchida e apresentada no caso de o valor da informação comunicada pela fonte de informações diferir dos dados já incluídos na base de dados, e se esta puder afirmar devidamente esse facto.

O valor da informação deve ser indicado utilizando o sistema normalizado da NATO

Indicações sobre a fiabilidade da fonte de dados e do órgão de recolha de dados:

- "A - totalmente fiável;
- B - geralmente fiável;
- C -suficientemente fiável;
- D -normalmente não é fiável;
- E - não fiável;
- F - a fiabilidade não pode ser avaliada.

"A classificação "A" ocorre muito raramente. Esta classificação pode ser utilizada se se souber que a fonte tem uma vasta experiência e antecedentes no que respeita ao tipo de informação comunicado. A classificação "B" significa uma fonte de informação cuja integridade é conhecida. A classificação "F" significa que não há base para avaliar a fiabilidade da fonte. Os órgãos de recolha de dados são normalmente classificados como A, B ou C. ... se os juízos sobre a fonte de dados e o órgão de informação diferirem, deve ser aplicada a indicação mais baixa."[4] A fiabilidade da fonte de informações é recolhida junto do órgão de informação e introduzida na base de dados.

A outra componente da avaliação do valor da informação é a exatidão, que é indicada por um número. A avaliação deve ser efectuada ao nível mais baixo possível. A classificação da informação por exatidão para alvos reais é apresentada na figura 8.

Os indicadores de exatidão para os órgãos de recolha de dados são também introduzidos na base de dados na fase de preparação do combate. Este facto deve ser

[4] Avaliação dos dados de informação - Grupo de Trabalho sobre Integração Euro-Atlântica do Estado-Maior - Budapeste - 1996.

igualmente do conhecimento dos órgãos de recolha de dados e de comunicação. Se o juízo sobre o valor das informações corresponder aos dados incluídos na base de dados, não deve ser apresentado qualquer relatório na coluna 17 do "Registo de Informações". Caso contrário, o valor das informações deve ser registado.

As informações confirmadas por outras fontes são definidas como informações estabelecidas (detectadas) através de vários métodos de informações de forma independente. Estes dados terão a classificação "1" e devem corresponder - sem qualquer dúvida - à situação e à localização do alvo.

A informação é considerada obviamente correta se corresponder à situação e à atividade inimiga esperada, mas tiver sido estabelecida através de apenas um método de informação e numa única ocasião. Também no caso de as partes essenciais do relatório serem confirmadas com base em informações já disponíveis. As informações com esta qualificação serão classificadas como "2" e, neste caso, serão necessárias informações adicionais.

"Se um facto comunicado, sobre o qual não se dispõe de mais informações, for avaliado como estando em conformidade com as actividades anteriormente observadas do alvo, então será qualificado como "provavelmente correto" e classificado como "3".[5]

Neste caso, são necessárias informações adicionais.

As informações não confirmadas que não estejam em conformidade com as observações relativas às actividades do alvo serão qualificadas como "altamente duvidosas" e classificadas como "4".

Será considerada "improvável" a informação que não é confirmada pelos dados disponíveis, que é coerente com a situação atual mas não com outros dados previamente recolhidos de diferentes fontes e processados. As informações que são inconsistentes com os dados já disponíveis com uma classificação de "1" ou "2" também terão esta qualificação.

Estes dados necessitam de esclarecimento, de informações adicionais e de confirmação, de preferência através de mais do que um método de informação.

A qualificação "Veracidade não pode ser avaliada" aplica-se aos dados de informações que não têm provas para uma classificação na escala de avaliação de 1 a 5 devido à falta de dados relativos ao alvo. Neste caso, são necessárias informações adicionais.

É de notar que um órgão de recolha de dados totalmente fiável pode recolher e

---

[5] Avaliação dos dados dos serviços de informação - Grupo de Trabalho do Estado-Maior para a Integração Euro-Atlântica - Budapeste - 1996. p. 28.

comunicar, a partir de fontes totalmente fiáveis, dados que, por sua vez, serão avaliados como improváveis quando comparados com outras informações. Tais informações serão classificadas como "A- 5". Uma fonte avaliada como não fiável pode também comunicar informações que se revelem exactas quando comparadas com outras fontes. Nesse caso, o valor da informação é E-1.

As informações com a classificação "2-6" serão automaticamente designadas para efeitos de informações adicionais.

Todas as informações classificadas como "1-6" pertencem ao grupo dos alvos efectivos (reais). (Figura 8)

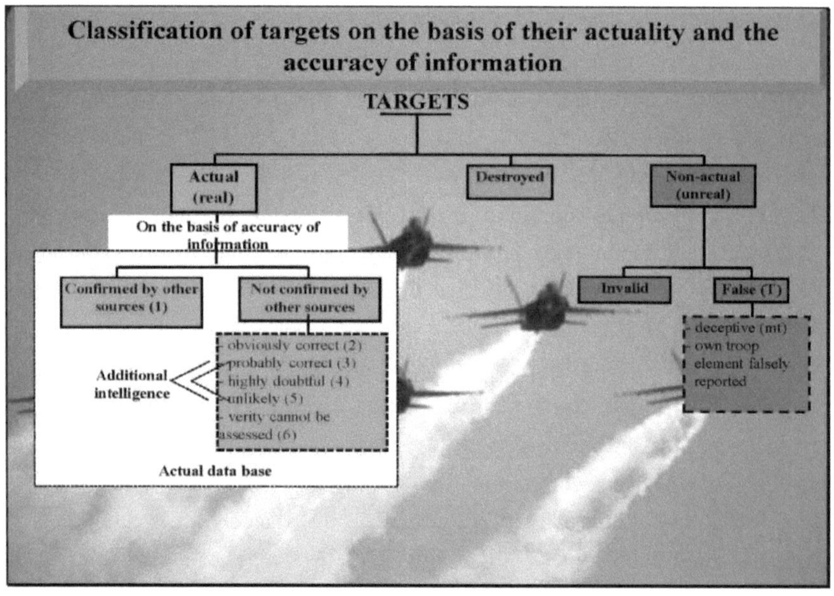

Figura 8: Classificação dos alvos após o processamento, com base na sua atualidade e na exatidão das informações (fonte própria)

No entanto, alguns alvos são colocados pelo inimigo para enganar as nossas tropas. Estes alvos fictícios, pertencentes ao grupo dos alvos falsos na categoria dos alvos não reais, são todos alvos enganadores. (Figura 8)

Os dados de informações enganosas são aqueles que não estão em conformidade com a situação real, são inconsistentes com os dados recolhidos de outras fontes e provaram indubitavelmente ser falsos. Estes dados são tidos em conta com o objetivo de investigar os métodos de engano do inimigo e recolher informações sobre o seu sistema de desinformação (Figura 8).

"Na opinião unívoca de peritos militares estrangeiros, a medida em que as perdas esperadas das subunidades de artilharia podem ser reduzidas é praticamente igual ao número de alvos fictícios. Se o número de posições de tiro fictícias for 20-30% do número de posições reais, as perdas diminuirão em 32-34%. Este facto também foi comprovado na Guerra do Golfo Pérsico.[6] Por conseguinte, durante a análise, a avaliação e o tratamento dos dados das informações, deve ser efectuada uma análise e uma síntese exaustivas de todos os dados.

Os relatórios sobre os "alvos" também pertencem ao grupo dos falsos alvos, em que a localização dos elementos das próprias tropas foi especificada por intersecção gráfica e comunicada por engano.

Se um alvo (informação) perder a atualidade, o que a fonte de informação relata, então será invalidado e, portanto, movido da base de dados real para o grupo de alvos inválidos (Figura 8).

Os alvos destruídos também serão retirados da base de dados real e transferidos para um grupo separado de alvos. Tanto os alvos destruídos como os alvos enganadores (dummy) têm símbolos distintos no mapa digital.

A experiência dos exercícios de informações mostra que os dados de informações comunicados raramente cumprem os requisitos de atualidade e exatidão da especificação das coordenadas e os requisitos rigorosos da avaliação das informações. Mesmo os dados de informações que representam um elevado valor informativo e precisão (de posicionamento) muitas vezes não garantem a realização atempada das missões de tiro, principalmente devido à lentidão do processamento dos dados de informações, e também ao contrário: os relatórios apresentados atempadamente podem ter um valor baixo devido à inexatidão das coordenadas.

Com o processo de elaboração de relatórios, a entrada de dados é concluída e o processamento informático é iniciado.

Tratamento dos dados de informação

"Processamento - o desenvolvimento de resultados de informações através da recolha, definição de valor, análise e integração de informações e/ou outros dados de informações."[7]

O tratamento dos dados é efectuado a diferentes níveis, incluindo a avaliação feita pelo órgão de recolha de dados, até ao nível mais elevado. O nível mais baixo de processamento de dados é designado por pré-avaliação e, normalmente, envolve

[6] Voennaja Musl. 1994. 1. Edição

[7] Intelligence Doctrine - General Staff Euro-Atlantic Integration Work Group, Budapeste - 1996. p.53.

apenas a conversão de dados brutos numa forma compreensível (por exemplo, interpretar os símbolos do ecrã do localizador ou editar relatórios de patrulha). A este nível, os dados recolhidos podem ainda ser comparados com os dados anteriormente recolhidos pela fonte de dados.

As acções de tratamento de dados incluem três partes:

" 1. Registo: a representação da informação recolhida por escrito ou sob outra forma gráfica, e a atribuição de elementos de informação aos grupos associados.

2. Definição do valor: a clarificação da relação entre os dados de informações e as operações, a fiabilidade da fonte de dados ou do órgão de recolha de dados e a exatidão das informações.

3. Análise: definir a importância da informação - em relação aos dados já conhecidos e às informações de inteligência - e tirar conclusões sobre o significado previsto da informação avaliada.[8]

O tratamento de dados é uma atividade contínua.

Processamento informático

Quando um alvo é comunicado, é imediatamente introduzido no sistema de alvos, ou seja, são especificados o tipo de alvo, o subtipo de alvo, a natureza do alvo e o grupo de alvos. O software classifica os alvos em quatro grupos de prioridade:

Grupo I: Objectivos de elevada rendibilidade (HPT);

Grupo II: Objectivos de elevado valor (HVTs);

Grupo III: Outros alvos importantes;

Grupo IV: Outros alvos (Figura 9).

[8] Avaliação dos dados dos serviços de informações - Grupo de Trabalho do Estado-Maior para a Integração Euro-Atlântica - Budapeste. 1996. p.18.

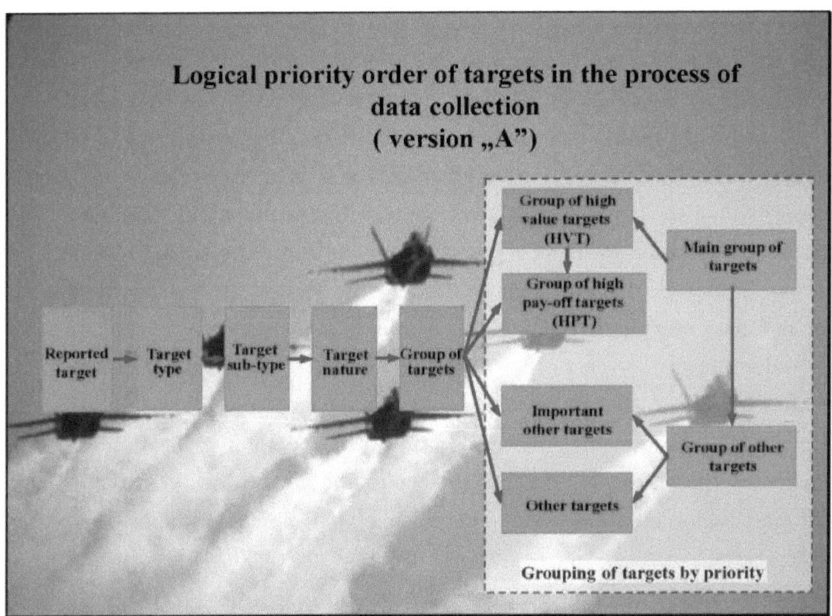

Figura 9: Processamento informático dos objectivos comunicados (fonte própria)

A prioridade dos dados de informação determina o seu valor e está diretamente relacionada com a sua urgência.

Os alvos de elevado rendimento são selecionados a partir dos alvos de elevado valor. Estes alvos podem ter um impacto essencial (crítico) nas próprias tropas no decurso da operação (combate), pelo que devem ser destruídos imediatamente.

O presente trabalho bibliográfico centra-se nos objectivos de elevado valor e nos objectivos de elevado retorno e não aborda a análise de "outros" objectivos. O grupo de alvos de elevado valor é muito vasto. As forças armadas de um pequeno país dispõem de um número limitado de meios de informação e de meios de combate de tiro. Nas minhas pesquisas, cheguei à conclusão de que a vasta escala de outros alvos deve ser dividida em duas partes. Um destes grupos incluiria a categoria de "outros alvos importantes" e o outro grupo a de "outros alvos". Isso facilitaria a priorização dos alvos para a destruição pelo fogo.

Os outros alvos importantes são aqueles que podem ter um impacto nas próprias tropas a curto prazo, pelo que a sua destruição é desejável o mais cedo possível. São eles as reservas próximas do inimigo, as colunas de marcha, os meios de fogo pesados em posição aberta, os agrupamentos que manobram perto das próprias tropas, os helicópteros em terra, o equipamento de perfuração de blindados, etc. Em função da situação tática, alguns dos outros alvos importantes podem ser requalificados como alvos de elevado valor ou de elevado rendimento (HPT). Do mesmo modo, os alvos que tenham sido atribuídos ao grupo de alvos de elevado valor podem ser reatribuídos a um grupo de alvos de menor prioridade. Por exemplo, se não estiver planeada a realização de ataques aéreos numa das fases de defesa do combate de defesa, então os meios de artilharia antiaérea não serão alvos de elevado valor ou de elevado retorno. Por outro lado, no decurso de um contra-ataque das próprias forças, os mísseis perfuradores de blindados serão alvos de elevado valor ou de elevado retorno.

Outros alvos são: aqueles que têm (ou podem ter) um impacto nas próprias tropas, mas não podem ter efeitos decisivos a curto prazo, e podem ser destruídos por outro equipamento (por exemplo, armas completas), e/ou destruí-los a curto prazo não é a tarefa mais importante. Estes incluem, por exemplo: pessoal e meios de fogo numa posição aberta.

Os alvos falsos incluem os próprios elementos de tropas cuja localização foi especificada por intersecção gráfica e comunicada por engano, bem como os alvos inimigos fictícios e enganadores.

Durante a avaliação, as coordenadas-alvo devem ser sujeitas a uma filtragem de segurança.

Isto significa que o software compara as coordenadas dos alvos com as coordenadas dos elementos da própria tropa e, no caso de coincidirem (não há mais de 200 m de diferença entre as coordenadas x, y do alvo e do elemento da própria tropa), o software indicará isso e destacará esses alvos, agrupando-os separadamente como "Alvos falsos", e solicitará a sua eliminação. O bordo frontal também é considerado como um elemento de tropa próprio (está incluído na base de dados), por isso o software bloqueará os alvos no bordo frontal cuja localização foi especificada por intersecção gráfica e reportada por engano. Ambos os grupos de alvos falsos podem ser impressos sob a forma de um gráfico.

Na minha opinião, esta fase de análise e avaliação da segurança é muito importante. Tive a experiência direta deste problema num exercício de informações a nível do corpo onde, durante um combate direto com o inimigo, a nossa própria subunidade de reconhecimento (posto de observação de artilharia) especificou a localização dos seus próprios postos de observação avançados e comunicou-os como alvos várias vezes, o que pudemos descobrir através do processamento de dados convencional.

Na fase seguinte do trabalho de análise e avaliação, é definido o valor dos alvos (informações de inteligência), ou seja: os dados dos alvos serão comparados com os dados dos alvos anteriormente comunicados.

Os alvos individuais com alvos individuais, os alvos individuais com grupos de alvos e os grupos de alvos com grupos de alvos serão comparados por natureza, tipo, coordenadas, indicador de precisão da localização (precisa ou imprecisa), indicador de fiabilidade da fonte de informações e o valor das informações, entre os alvos localizados num círculo com um determinado raio (predefinido: 200 m).

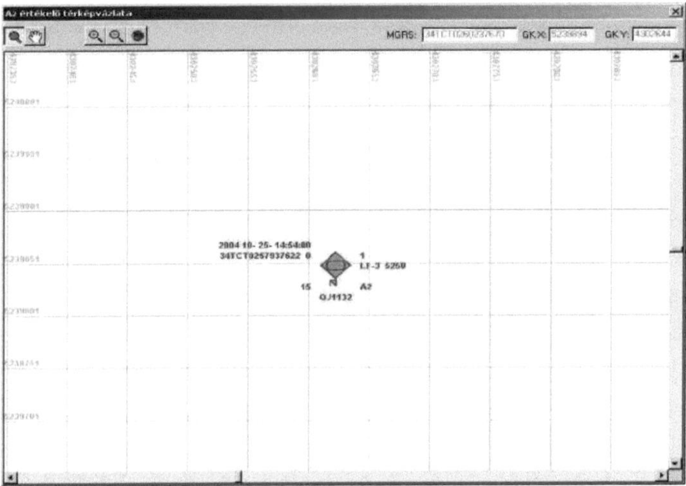

Figura 10: Análise e avaliação dos objectivos num mapa digital (fonte própria)

As exigências do trabalho de análise e avaliação:

♦ o software deve ser capaz de investigar os alvos detectados num período de tempo especificado (por exemplo, 1 hora);

♦ Todos os alvos anteriormente comunicados situados num círculo com 200 m de raio a partir do alvo atualmente comunicado devem ser apresentados, indicando também a distância. Estes alvos serão também apresentados no monitor com os símbolos normalizados, o mais recente com uma cor diferente - para distinção - (figura 10).

♦ Se a distância entre as coordenadas de um ou mais alvos individuais do mesmo tipo for inferior a 75 m, estes serão considerados como um único alvo e o número e as coordenadas do alvo serão os do alvo localizado pelos meios mais exactos. O(s) outro(s) alvo(s) será(ão) invalidado(s) e atribuído(s) à base de dados de alvos inválidos.

♦ se a intersecção gráfica tiver sido efectuada por meios do mesmo tipo e a diferença for inferior a 75 m, será tomado um valor médio das coordenadas (E, N). O n.º do novo alvo será o n.º do alvo comunicado em primeiro lugar.

♦ Se as coordenadas de um alvo único forem comparadas com as coordenadas do centro de um grupo de alvos e a distância x e y for inferior a 200 m, o alvo único será considerado como parte (sub-objeto) do grupo de alvos (confirmação do grupo de alvos);

♦ se um único alvo for comparado por coordenadas com um ou mais alvos de natureza diferente ou idêntica, por exemplo, um tanque, um veículo blindado de transporte de pessoal, uma metralhadora, uma arma de perfuração de blindagem, etc., e a diferença entre as coordenadas (E, N) for inferior a 400 m, será considerado como fazendo parte de um novo grupo de alvos.

♦ o novo grupo de alvos terá um novo número de alvo (o software emitirá um número de alvo a partir do ficheiro de número de alvo), e os componentes (alvos individuais) do grupo de alvos também serão registados (armazenados) como sub-objectos. As coordenadas do grupo de alvos serão o valor médio das coordenadas E e N dos componentes dos alvos individuais, a sua altura será a média dos valores de altura dos componentes dos alvos individuais. O software também calcula a largura e a profundidade do grupo de alvos gerado, - de acordo com os requisitos profissionais - perpendicularmente à direção básica.

♦ se as coordenadas de um grupo de alvos forem comparadas com as de outro grupo de alvos e a diferença entre as coordenadas for inferior a 75 m, trata-se da confirmação de um grupo de alvos. O número e as coordenadas do grupo de alvos devem ser os do alvo localizado pelos meios mais exactos. Se a intersecção gráfica tiver sido efectuada por meios de precisão semelhante, deve ser tomado um valor médio das coordenadas e o n.º do novo alvo será o n.º do alvo comunicado em primeiro lugar.

Como tal, podem ser criados grupos de objectivos durante a avaliação:

a) Com base no relatório da fonte de informação original - um grupo original de alvos;
b) Se o grupo original de alvos tiver sido confirmado por relatórios separados sobre alvos individuais - um grupo de alvos confirmado através de alvo(s) individual(ais);
c) Criação de um grupo com base em objectivos individuais através da análise - novo grupo de objectivos;
d) Confirmação de um grupo de alvos por outro grupo de alvos.

Os alvos avaliados serão apresentados no mapa digital do analisador com símbolos padrão da NATO (Figura 10).

Avaliação do valor do alvo (informações de inteligência):

O software considerará os alvos (informações de inteligência) como confirmados por outras fontes se:

- Na coluna 17 do "Registo de Informações" é indicado "1" para o indicador de exatidão das informações,
- dois ou mais alvos da mesma natureza e com uma diferença entre as coordenadas (x, y) inferior a 75 m, comunicados com os indicadores de exatidão da informação "obviamente correto" ("2"), "provavelmente correto" ("3"), "altamente duvidoso" ("4"), "improvável" ("5"), ou "veracidade não pode ser avaliada" ("6"), - "não confirmado por outras fontes", serão considerados como um único alvo e classificados como "confirmado por outras fontes" ("1"). O número e as coordenadas do novo alvo serão os do alvo localizado pelos meios mais exactos. Se as intersecções gráficas tiverem sido efectuadas por meios semelhantes, o n.º do novo alvo será o n.º do alvo comunicado em primeiro lugar e será tomado um valor médio de coordenadas.
- se a natureza e as coordenadas (E, N) de um alvo "não confirmado por outras fontes" ("2", "3", "4", "5", "6") forem as mesmas (num raio de 75 m) que as do alvo "confirmado por outras fontes" ("1"), aplicam-se os dados do alvo "confirmado por outras fontes" ("1");

O software agrupa os alvos "confirmados por outras fontes" também por prioridade, grupo de alvos e tamanho: Os objectivos são ordenados num gráfico, que também pode ser impresso.

Os alvos avaliados são reenviados para a base de dados de alvos esperados e detectados, onde serão resumidos por tipo e natureza (Figura 2).

O software move os alvos fictícios reportados para um grupo separado (ficheiro) e apresenta-os no mapa digital com os seus símbolos padrão NATO.

Por dimensão do objetivo, existem:

- grupos de objectivos,
- alvos individuais.

Os alvos "confirmados por outras fontes" necessitam de informações adicionais com base na avaliação cumulativa da sua prioridade (ameaça), da atualidade dos dados de informações e de outros aspectos, geralmente imediatamente antes de os destruir, e estas informações devem ser realizadas pela subunidade de reconhecimento que vai apoiar o fogo.

O software efectua a estimativa de visibilidade necessária em relação ao alvo para as posições de todos os meios de reconhecimento, tendo em conta as suas capacidades de inteligência/reconhecimento - que também podem ser apresentadas no mapa digital - e propõe quais os meios de reconhecimento que devem ser envolvidos na inteligência adicional. Serão apresentadas as coordenadas polares e a elevação do alvo visto da posição do meio de reconhecimento escolhido.

Após a destruição do alvo, as bases de dados "Quantidade de alvos previsíveis e detectados" e "Lista de alvos destruídos" serão actualizadas e o símbolo do alvo destruído aparecerá no mapa digital.

A subunidade de reconhecimento que apoia o fogo comunicará os dados de acordo com os requisitos da NATO na coluna 19 do "Registo de Informações", como se segue:

- ♦ a extensão da destruição:
    1. aniquilação,
    2. neutralização,
    3. supressão,
    4. interferência;
- ♦ o número e a descrição (nome) dos objectos destruídos;
- ♦ se podem continuar as actividades: sim ou não;
- ♦ o grau de destruição do tipo de alvo (%).

Estes dados são registados na base de dados.

O objetivo deve ser considerado como "não confirmado por outras fontes" se

♦ nada, ou algum dos seguintes factos foi registado na coluna 17 do "Registo de Informações":

2. obviamente correto ("2")
3. provavelmente correto ("3"),
4. altamente duvidoso ("4"),
5. improvável ("5"),
6. a veracidade não pode ser avaliada ("6"),

ou se:

♦ um alvo "confirmado por outras fontes" ("1") e um alvo enganador ("Mt") têm a mesma natureza e a diferença entre as suas coordenadas (E, N) é inferior a 75 m.

(Nesse caso, "a veracidade não pode ser avaliada" (6))

Os alvos "não confirmados por outras fontes" são afectados a um grupo separado, à semelhança dos alvos confirmados. Todos os alvos não confirmados necessitam de informações adicionais, uma vez que os dados sobre eles não permitem a sua destruição imediata. Estes alvos são ordenados num gráfico, que também pode ser impresso.

O software propõe quais os meios de reconhecimento que devem ser envolvidos em informações adicionais com base no exame de visibilidade e nas capacidades de reconhecimento dos meios de reconhecimento.

Após a recolha de informações adicionais, os alvos podem ser atribuídos a diferentes grupos, em função da avaliação e do tratamento, como por exemplo

- ♦ grupo de alvos "confirmados por outras fontes" ("1");
- ♦ grupo de objectivos classificados como "a veracidade não pode ser avaliada" ("6"),
- ♦ grupo de alvos enganadores ("Mt").

Os alvos, devido à sua elevada capacidade de manobra, mudam rapidamente de posição no decurso das informações. Por conseguinte, o pessoal de reconhecimento é obrigado a informar o centro de processamento de dados se os alvos saírem das posições previamente comunicadas. Nesse caso, o alvo será transferido da base de dados atual para o grupo de "alvos inválidos". Este grupo de alvos pode ser impresso sob a forma de um gráfico.

O mapa digital também permite o planeamento de alvos utilizando o software. Os alvos planeados serão desenhados no mapa digital do analisador com símbolos padrão da NATO.

Uma fonte de observação de reconhecimento deve ser atribuída aos alvos planeados. Isto é fácil através do exame de visibilidade efectuado pelo software. O software examinará qual a fonte de reconhecimento (incluída na base de dados) que tem vista para o alvo, tendo em conta as capacidades de reconhecimento. Apresentará a lista de visibilidade, após o que o analisador-avaliador escolherá as fontes de informação. Quando estas são escolhidas, o software apresenta as coordenadas polares e a elevação do alvo visto da posição do meio de reconhecimento. Os dados serão transmitidos ao meio de reconhecimento designado através de transmissão digital ou de telecomunicações convencionais e, utilizando esses dados, este efectuará a pontaria ao alvo no terreno. Os dados sobre o alvo planeado, juntamente com os dados da fonte de informação escolhida, serão registados na tabela "alvos planeados e reais" e podem ser impressos.

Durante o trabalho de análise e avaliação, todos os dados de informações sobre o alvo podem ser recuperados - selecionando o símbolo padrão do alvo - no mapa digital.

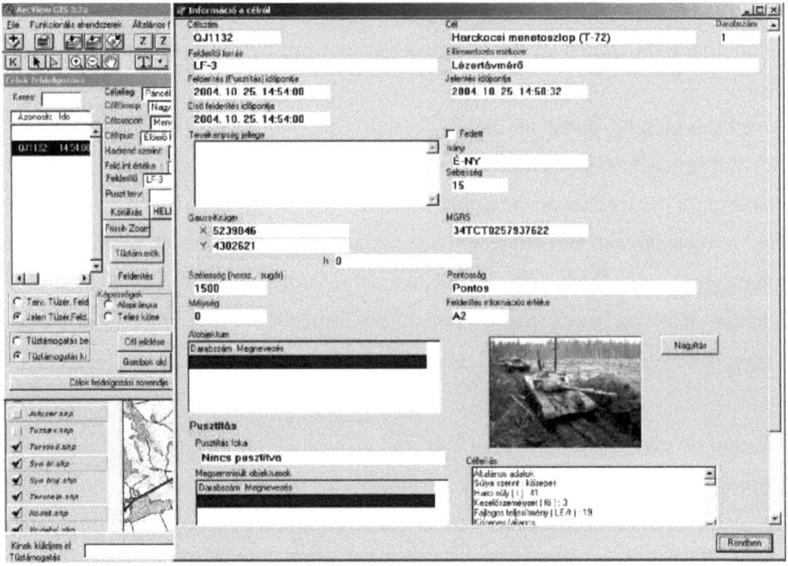

Figura 11: Recuperação de dados sobre alvos detectados a partir da base de dados (fonte própria)

Tirar conclusões é o último passo da análise de informações. Durante a elaboração de conclusões, descobriremos o significado que os dados de informação têm na área de combate. Podem ser úteis para a antecipação das actividades futuras do inimigo.

Utilização, distribuição

A última etapa do processo de informação é a utilização ou distribuição. A informação deve ser imediatamente disponibilizada ao utilizador. O acesso aos dados das informações deve ser concedido a todos os níveis de comando e grupos de trabalho envolvidos. Na minha opinião, o grupo de processamento de dados de informações e a secção de apoio de fogo (que atribui alvos entre forças e meios de fogo) devem trabalhar em estreita cooperação e devem estar localizados próximos um do outro, de acordo com os princípios da NATO.

O exame dos alvos "outros importantes" e "outros" é efectuado pelo software de forma análoga.

Requisitos básicos para o software de mapas digitais:

- ♦ apresentar no mapa os dados de informações (alvos) avaliados pelo computador com símbolos padrão da NATO;
- ♦ durante a análise dos alvos apresentados, todos os seus dados de informações devem ser recuperáveis (por exemplo, hora do reconhecimento, natureza do alvo, coordenadas UTM (MGRS), altura, largura (comprimento), profundidade, descrição da fonte de informações, indicadores de precisão e fiabilidade, propriedades de combate, parâmetros e imagens do alvo, valor das informações);
- ♦ uma simbolização distintiva dos alvos destruídos, e todas as informações relativas ao alvo e à destruição devem ser recuperáveis (por exemplo, por que subunidade e quando foi destruída, o resultado da destruição - danos em %, número e descrição/nome dos objectos destruídos);
- ♦ apresentar as suas próprias forças e meios de reconhecimento com os símbolos normalizados;
- ♦ elaborar as capacidades de reconhecimento para todas as posições dos meios de reconhecimento;
- ♦ exame da visibilidade e elaboração da área visível (e invisível) tanto para os meios de reconhecimento próprios como para os inimigos e para os alvos (isto é de grande ajuda no planeamento da informação e na designação correta e rápida da localização dos meios de reconhecimento);
- ♦ elaboração da zona de combate da Brigada (zona de defesa da Divisão) com símbolos normalizados da NATO;
- ♦ elaboração da zona da frente com símbolos normalizados, utilizando os relatórios das subunidades de reconhecimento, incluindo as coordenadas polares, bem como introduzindo-os diretamente no mapa digital;

A borda frontal pode ser rápida e corretamente modificada no mapa digital durante o combate, e a informação do mapa pode ser imediatamente transmitida aos destinatários através da transmissão de dados digitais.

Conclusões

A orientação estratégica especificada pelo Estado-Maior e pela Universidade do Serviço Público Nacional tem prioridade nas actividades científicas e educativas do nosso instituto, para o trabalho dos professores e investigadores da faculdade. A Faculdade desempenha as suas tarefas educativas e científicas neste espírito. Uma das nossas prioridades é a investigação das possibilidades de emprego de forças militares empenhadas no combate, na guerra assimétrica e no apoio ao comando e controlo através de redes e sistemas informáticos.

A experiência dos exercícios realizados com o "HUTOPCCIS" tem sido promissora e demonstra que, tendo em conta o planeamento convencional e o comando e controlo de combate, o controlo tático assistido por computador pode fornecer informações mais rápidas e fiáveis ao quartel-general e ao estado-maior. Os métodos convencionais de telecomunicações e controlo tático e o fluxo de informações através de um sistema informático complementam-se e reforçam-se mutuamente, tornando o comando e o controlo mais fiáveis.

Referências

1. AARTY P5 (A) (STANAG 2934) - Doutrina Tática de Artilharia de Campanha;

2. AARTY P1 (STANAG 2934) - Procedimentos de Artilharia;

3. "Alt/27" A Doutrina Conjunta das Forças de Defesa Húngaras, 3. edição;

4. AJP-3.2 Doutrina Conjunta Aliada para Operações Terrestres;

5. AJP-3.9 Doutrina Conjunta Aliada para a Definição Conjunta de Alvos;

6. Dr. Attila Furjan, The basics of fire support, and combat use and command of the artillery, university notes, uma publicação da NUPS, Budapeste, 2009;

7. Dr. Attila Furjan, Utilização de unidades de artilharia em combate ao nível do Batalhão de Infantaria (Companhia)

8. Doutrina, 1.ª edição, uma publicação das Forças de Defesa Húngaras, Budapeste, 2014.

9. Janos Somogyi, as caraterísticas especiais do apoio de fogo no combate assimétrico, na gestão de crises e nas operações de apoio à paz, notas universitárias, uma publicação da NUPS, Budapeste, 2014;

10. A apresentação: Objetivo comum do HDF, 2012.

11. Tu/50 - Instruções de disparo de artilharia;

12. Tu/1 - Regulamentos de tiro de artilharia e controlo de fogo (batalhão, bateria, pelotão, canhão);

13. Tu/128 - Instruções especiais para o emprego em combate da estação de rádio de reconhecimento de artilharia SNAR-10 (1982);

14. Dr. Attila Furjan: Questões teóricas e práticas do processamento da informação de artilharia e dos dados de informação num sistema integrado de informação nas Forças de Defesa Húngaras - dissertação de doutoramento (1999);

15. Tu/42 - Avaliação de fotografias aéreas por tropas de artilharia (orientação);

16. Tufe/176 - AZK-5 Complexo automatizado de rastreio de som;

17. Alt/204 (Regulamento Geral) - Topografia Militar (1991);

18. Noções básicas de fotografia aérea - manuscrito, uma publicação da Academia Nacional de Defesa Zrinyi Miklos (1996);

19. Estudos de Cartografia Militar - I. (Livro de curso) uma publicação da Academia de Defesa Nacional Zrinyi Miklos e do Gabinete de Cartografia da HDF (1997);

20. Associação Húngara de Ciências Militares, Enciclopédia de Ciências Militares, Budapeste. (1995);

21. Attila Furjan: Possibilidades e condições de alcance do flash para subunidades de artilharia - livro de curso universitário;

22. Dr. Istvan Ivanyosi-Szabo e Dr. Sandor Erdelyi: Bases teóricas do planeamento da destruição do inimigo pelo fogo, parte I. - ajuda ao estudo;

23. HDV (Heeresdienstvorschift) Instruções Permanentes das Forças Terrestres Alemãs;

24. HDV (Heeresdienstvorschift) 261/210 Das Artilleriebataillon der Brigade - Anexo 2;

25. Klaus-Michael Schmidt, O sistema de artilharia sob o aspeto do armamento das forças terrestres,

Soldat und Technik (Soldado e Tecnologia), número 1996/5. - Tradução de Laszlo Varga;

26. Karl-Heinz Totz, Markus Hilbrecht, ABRA, das Artilleriebeobachtungsradar - heute (Radar de Observação de Artilharia - hoje). Whertechnische Report (Relatório Técnico de Defesa), fevereiro de 1998;

27. Raytheon Systems Company, Raytheon Battlefield Radar Sensors and Electronic Systems, Califórnia (EUA). 1999.;

28. Ministério da Defesa, Instituto de Tecnologia Militar - Veículos aéreos de reconhecimento não tripulados (estudo);

29. Publicação da Secção de Artilharia do Estado-Maior do Exército HDF: Apoio de fogo de uma Brigada de Infantaria Mecanizada e controlo de fogo de subunidades de artilharia - orientação. Szekesfehervar. 1999.;

30. Jornal Voenno-Istoricheskii - 1981 - N11..;

31. Publicação do Grupo de Trabalho do Estado-Maior para a Integração Euro-Atlântica - Doutrina de Informações;

32. Publicação do Grupo de Trabalho de Integração Euro-Atlântica do Estado-Maior - FM-6-121. Inteligência de alvos da artilharia de campanha;

33. Publicação do Grupo de Trabalho de Integração Euro-Atlântica do Estado-Maior - FM-6-20-2. Tácticas, métodos e procedimentos dos quartéis-generais de artilharia de corpo, artilharia de divisão e brigada de artilharia de campanha - 1996;

34. Publicação do Grupo de Trabalho do Estado-Maior para a Integração Euro-Atlântica - Glossário de Termos e Definições da NATO;

35. Publicação do Grupo de Trabalho de Integração Euro-Atlântica do Estado-Maior - FM-30-4. Avaliação dos dados de informação;

36. Publicação do Grupo de Trabalho de Integração Euro-Atlântica do Estado-Maior General - Preparação do campo de batalha com informações;

37. Publicação do Grupo de Trabalho de Integração Euro-Atlântica do Estado-Maior - Manual de apoio de fogo para a 1.ª Divisão de Infantaria;

38. Uma publicação do Serviço de Cartografia do HDF: Mapa vetorial DTA-50, a versão EOV (Sistema de Projeção Nacional Uniforme) do modelo de elevação DTM-50;

39. Software: - ESRI Arc View 3.2, Spatial Analyst, MAPOBJECTS 1.2;

- Borland Delphi 3. Cliente-Servidor;
- MS SQL-Server;

40. Publicação do Grupo de Trabalho de Integração Euro-Atlântica do Estado-Maior - FM-6-20-2.

Artilharia de divisão, brigada de artilharia de campanha e ramo de artilharia de campanha (corpo) (1996);

41. Publicação do Grupo de Trabalho de Integração Euro-Atlântica do Estado-Maior - FM 100-15. Operações do corpo de exército (1996),

42. Publicação do Grupo de Trabalho de Integração Euro-Atlântica do Estado-Maior - FM 6-20-1. Princípios tácticos e métodos de aplicação do batalhão de artilharia de tubo da artilharia de campanha - Budapeste, 1997;

43. Publicação do Grupo de Trabalho de Integração Euro-Atlântica do Estado-Maior - FM-34-1. Informações e guerra eletrónica (1996);

4. Exercício tático de inteligência de alvos e apoio de fogo assistido por computador relacionado com a gestão de crises no Departamento de Apoio Operacional da Faculdade de Ciências Militares e Formação de Oficiais da Universidade Nacional de Serviço Público.

Nós, no Departamento de Apoio Operacional da Faculdade de Ciências Militares e Formação de Oficiais da Universidade Nacional de Serviço Público, concentramo-nos em proporcionar uma formação teórica e prática moderna aos oficiais cadetes. O sistema de comando assistido por computador "TOPCCIS"[9] *, que é utilizado na formação desde 2003, é um dos resultados do esforço de investigação e desenvolvimento científico de mais de 15 anos. Os cadetes do ramo de artilharia elaboram as tarefas tácticas tanto de forma tradicional num mapa em papel como, paralelamente, através do sistema de comando "TOPCCIS" com um fundo de informação geoespacial. O "TOPCCIS" - "BAGLYAS" é um exercício de alto nível assistido por computador organizado todos os anos, em que os cadetes desempenham um papel ativo num exercício de gestão de crises que envolve o planeamento, a execução e a coordenação do apoio de fogo, utilizando o sistema de simulação "BAGLYAS" e o sistema de comando "TOPCCIS". Estes exercícios permitem aos oficiais cadetes acompanhar todas as acções de apoio ao fogo de uma operação de gestão de crise e avaliar a eficácia do seu trabalho através da simulação. Uma fase do exercício foi igualmente inspeccionada pelo Ministro da Defesa.*

De acordo com o plano educativo anual, em 28 e 29 de abril de 2014 foi realizado um exercício de controlo de combate assistido por computador para os cadetes oficiais de artilharia do 3º e 4º anos do Departamento de Apoio Operacional da Faculdade de Ciências Militares e Formação de Oficiais (MSOTF) da Universidade Nacional de Serviço Público (NUPS). O tema do exercício foi: apoio de fogo diurno e noturno a Grupos de Combate de Companhias e a uma Força de Intervenção de Batalhão (BTF) que realizam operações de gestão de crises em zonas fronteiriças. Uma caraterística importante do exercício foi o facto de todas as acções terem sido realizadas através de sistemas informáticos, geridos por oficiais cadetes.

O exercício foi realizado na sala de simulação "Baglyas" e na sala de controlo de combate "TOPCCIS". O Diretor do Exercício, Tenente-Coronel Dr. Tibor Szabo, Professor Associado, Chefe da Faculdade, dirigiu o exercício na sala Baglyas. O Diretor Adjunto do Exercício, Tenente-Coronel ret. Dr.

[9]"TOPCCIS" - Sistema de Informação de Comando e Controlo Operacional Tático

Attila Furjan controlava o trabalho da Célula de Apoio a Incêndios do Batalhão na sala "TOPCCIS" e monitorizava o funcionamento do "TOPCCIS".

O sistema de simulação "Baglyas" foi utilizado para a simulação de acções tácticas inimigas e próprias, para o movimento de grupos de refugiados através da fronteira, para a apresentação e movimento de alvos inimigos em circunstâncias diurnas e nocturnas, e para a informação de alvos. De facto, o controlo de combate assistido por computador "TOPCCIS" destina-se ao planeamento e controlo não de operações simuladas mas reais (combate), e tem sido continuamente desenvolvido há 17 anos por um grupo especial de investigação-desenvolvimento e aplicado na sua totalidade no ensino no Departamento de Apoio Operacional.

O conceito básico do exercício: há muito tempo que existem tensões entre os dois países vizinhos "REDLAND" e "BLUELAND". . A população é mista nas zonas fronteiriças de ambos os países. O governo da "BLUELAND" reconhece os esforços culturais acrescidos das minorias do país, enquanto a liderança radical da "REDLAND" considera que os ajustamentos fronteiriços em detrimento da "BLUELAND" seriam a chave para uma solução.

Para fechar as direcções ameaçadas, foi destacada uma Força de Intervenção de Batalhão (BTF) numa área operacional de 35 km de largura e 15 km de comprimento, a uma distância de 10 km (zona de segurança) atrás da fronteira, a fim de preparar a aniquilação de grupos armados irregulares que se deslocam através da fronteira, impedindo o ataque de grupos armados maiores e empurrando-os para além da fronteira através de contra-ataques.

O exercício foi planeado de acordo com as caraterísticas das "Outras operações de resposta a crises não abrangidas pelo artigo 5º". "Estas operações são consideradas outras operações de resposta a crises não abrangidas pelo artigo 5.º, que são normalmente efectuadas individualmente por forças militares nacionais ou, se for necessária uma intervenção em maior escala, por coligações"[10]

O apoio de fogo e as informações de fogo para os Grupos de Combate das Companhias foram coordenados e comandados pelos Grupos de Apoio e Observação de Fogo das Companhias (COY FSFOG); e os Pelotões de Apoio (incluindo esquadrões de morteiros e blindados) forneceram apoio de fogo contínuo às Companhias.

Ao nível do Batalhão, a célula de apoio de fogo (sob a liderança de um Cadete

[10] AJP-3.4 Doutrina Conjunta Aliada para Operações de Reação a Crises fora do âmbito do Artigo 5º

Picture 1: A 4th-year Officer Cadet as the Commander of a COY FSFOG, carrying out target intelligence on the simulation equipment and making a decision to destroy the target (own source)

Oficial de Artilharia do 4º ano) planeou, comandou e coordenou a informação de alvos, a recolha e processamento de dados de informação de alvos e o apoio de fogo a favor do Batalhão. O apoio de fogo foi assegurado por uma Bateria de Morteiros de 82 mm; por uma Bateria de Obuses Autopropulsados de 122 mm na fase nocturna das operações (para tarefas de iluminação); e por um Batalhão de Artilharia Rebocada de 152 mm na fase final (para o contra-ataque do Batalhão).

Como primeira ação do exercício, a sua tarefa consistia em simular a migração e recolher e processar informações de inteligência. O equipamento de simulação foi utilizado para visualizar os movimentos dos refugiados civis através da fronteira. As tarefas de simulação consistiam em monitorizar os refugiados, processar as suas actividades utilizando o sistema de comando "TOPCCIS" e enviar os resultados para a Célula de Apoio de Fogo do Batalhão. Estas tarefas são muito importantes para ensinar aos alunos como recolher e processar informações sobre migrações através do sistema de comando assistido por computador "TOPCCIS", apresentar e monitorizar os movimentos dos refugiados num mapa digital, bem como enviar os resultados para o Posto de Comando do Batalhão.

Picture 2: A 3rd-year Officer Cadet processing target intelligence information using „TOPCCIS" command system (own source)

Nesta fase, os Oficiais Cadetes adquiriram competências práticas básicas no manuseamento do módulo de informações do sistema de comando "TOPCCIS"; e esta fase soldou todo o sistema de comando, o fluxo de informações e o comando e controlo. Ou seja, tanto o pessoal como o sistema de simulação e de comando "TOPCCIS" estavam preparados para praticar a ação seguinte, quando os alvos inimigos atravessassem a fronteira do Estado.

Uma tarefa importante durante o exercício foi apresentar no equipamento de simulação os alvos sensíveis ao tempo, que são muito típicos das acções tácticas. "Os alvos sensíveis ao tempo são aqueles que requerem uma resposta imediata, uma vez que a sua posição atual ou futura põe em perigo as próprias operações, ou a sua aniquilação apoiaria significativamente a execução da operação"[11 12]

Os 8 oficiais cadetes do 3º ano desempenharam as seguintes funções: 3 oficiais cadetes manusearam o computador "TOPCCIS" situado ao lado do computador de simulação de informações na sala de simulação "Baglyas". 1 cadete trabalhou com os cadetes do 4º ano na célula de apoio de fogo do batalhão e os restantes cadetes do 3º ano realizaram trabalho de pessoal no posto de controlo de fogo. Os cadetes do 4º ano, na qualidade de comandantes de um COY FSFOG, efectuaram a recolha de informações sobre os alvos no equipamento de simulação e tomaram as decisões sobre a destruição dos alvos após a análise dos mesmos. Dois cadetes do 4º ano trabalharam na Célula de Apoio de Fogo na sala "TOPCCIS", e os outros no Posto de Controlo de Fogo na sala "Baglyas" como oficiais de pessoal e Comandantes Adjuntos de Bateria (Comandantes de Posto de Controlo de Fogo).

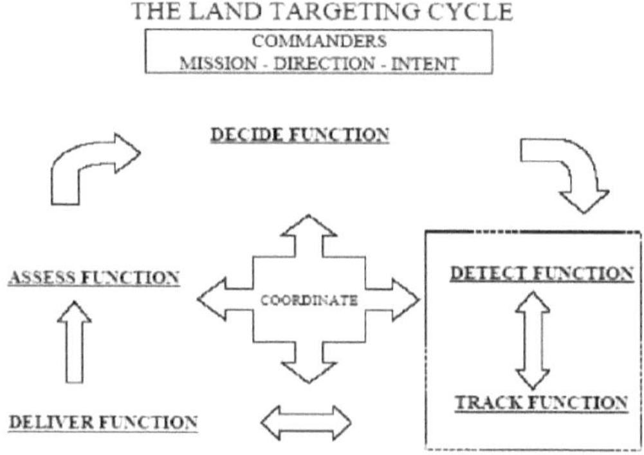

Figure 3-1 The Land Targeting Cycle

1. Figura: O fluxograma geral do planeamento de objectivos[12]

O Grupo de Apoio e Observação de Incêndios da Companhia efectuou a informação sobre os alvos, a pré-avaliação dos alvos e a direção do apoio de incêndios ao nível da Companhia. Os oficiais cadetes do 4º ano efectuaram a simulação de informações e enviaram as informações sobre os alvos para a estação de trabalho "TOPCCIS" adjacente. Aí, os Cadetes do 3º ano pré-avaliaram as

11 HDF Joint Targeting Doctrine, 1. edição, uma publicação das Forças de Defesa Húngaras, Budapeste 2014. p. 54.
12 AJP-3.9.2, p.20. O CICLO DE SELECÇÃO DE TERRAS

informações sobre o alvo utilizando o software e examinaram a importância do alvo e se este pode ser destruído através das fontes de apoio de fogo da Companhia. No caso de um alvo se enquadrar na categoria de alto rendimento e representar uma ameaça direta às actividades da Companhia, o Comandante do FSFOG apresentava uma proposta ao COY COM para destruir o alvo, que a executava individualmente. Os dados de informação sobre o alvo eram também enviados para a Célula de Apoio de Fogo do Batalhão, onde era efectuada uma avaliação final do alvo.

Picture 3: Company fire support and fire observation groups and the simulation equipment (right), and „TOPCCIS" workstations (notebooks) on the left (own source)

Se a destruição do alvo não for possível através das fontes de apoio de fogo da Companhia, então o Comandante do COY FSFOG submete um pedido de fogo à Célula de Apoio de Fogo superior. O pedido de fogo era composto de acordo com a Doutrina AARTY P-1.

Após a receção da ordem de fogo, os oficiais cadetes (3º e 4º anos) que trabalham no Posto de Controlo de Fogo calculavam os dados do fogo e transmitiam a ordem de fogo aos pelotões de tiro (pelotão de morteiros e pelotão de artilharia). O oficial cadete do 4º ano que trata da simulação de informações sobre o alvo monitoriza o fogo e transmite os resultados ao Posto de Controlo de Fogo, onde são feitas as correcções necessárias e o fogo de efeito é lançado. O Comandante do COY FSFOG (4º ano) monitorizou o fogo de efeito e examinou o resultado da destruição. O cadete do 3º ano introduziu estas observações no registo digital de informações do "TOPCCIS" e efectuou a avaliação com o software, que também foi indicado no mapa digital. Em seguida, a avaliação da destruição do alvo foi transmitida à célula de apoio de fogo do batalhão.

Picture 4: Calculation of fire data under the leadership of a 4th-year Officer Cadet at the Fire Control Post (own source)

"A metodologia do planeamento dos objectivos terrestres baseia-se nas funções Decidir, Detetar, Realizar e Avaliar (D3A), que também abrangem as fases de planeamento e implementação. Isto metodiza o trabalho do Comandante e do Estado-Maior de modo a cumprir os requisitos essenciais do planeamento de alvos. O processo de planeamento dos objectivos apoia as decisões do Comandante. Facilita o trabalho do grupo de planeamento de alvos que decide quais os alvos a selecionar e destruir. Ajuda a decidir qual o método de ataque a utilizar para destruir os alvos e alcançar os efeitos desejados.

Picture 5: The Battalion Fire Support Cell collects and processes the target intelligence information, and commands and coordinates the fire support for the Battalion using the "TOPCCIS" command system (own source)

Trata-se de um processo contínuo, que é constantemente aperfeiçoado à medida que o combate avança".[13]

Utilizando o sistema de comando "TOPCCIS", a Célula de Apoio de Fogo do Batalhão comandava e controlava os grupos de apoio de fogo e de observação de fogo subordinados ao nível da Companhia, controlava a informação sobre os alvos, recolhia e processava a informação sobre os alvos e planeava e controlava continuamente o apoio de fogo. Dava ordens de fogo à Bateria de Morteiros subordinada ao Batalhão e à Bateria de Artilharia fornecedora de apoio de fogo do Batalhão, visando os alvos a destruir a favor do Batalhão. Julgou os pedidos de fogo dos grupos de apoio e observação de fogo da Companhia. Na última fase do exercício, quando o ataque dos grupos armados irregulares foi travado com sucesso, a Célula de Apoio de Fogo do Batalhão planeou o ataque de fogo que prepararia o contra-ataque. Todo o processo de planeamento foi apresentado e explicado aos oficiais cadetes do 3º e 4º anos.

No final do exercício, os instrutores avaliaram as acções em pormenor e os oficiais cadetes receberam as suas classificações individuais.

13 AARTYP-5(A) NATO Indirect Fire Systems Tactical Doctrine, 2. projeto de ratificação, Capítulo VI, 413.p.

Resumo

Há muitos anos que nós, no ramo de artilharia do Departamento de Apoio Operacional, utilizamos os resultados da investigação científica e do desenvolvimento, que permitem aos oficiais cadetes utilizar sistemas de informação geoespacial assistidos por computador para planear situações operacionais reais; recolher, avaliar e processar informações sobre alvos; planear, comandar e coordenar o apoio de fogo. Estas práticas dão-lhes a oportunidade de avaliar diretamente a eficácia do seu próprio trabalho através do equipamento de simulação, por exemplo, avaliar a correção da informação sobre o alvo e do processamento dos dados do alvo, a exatidão do cálculo dos dados do fogo e a exatidão da monitorização e da correção do fogo para obter efeitos. Ao combinar os dois sistemas informáticos, todo o processo operacional pode ser monitorizado e uma ação eventualmente mal executada pode ser repetida.

Estes exercícios facilitam a compreensão do facto muito importante de que o fogo de artilharia não é para si próprio, mas deve ser planeado, comandado e coordenado para a realização de um objetivo comum.

Referências

11. AARTY P5 (A) (STANAG 2934) - Doutrina Tática de Artilharia de Campanha;

12. AARTY P1 (STANAG 2934) - Procedimentos de Artilharia;

13. "Alt/27" A Doutrina Conjunta das Forças de Defesa Húngaras, 3. edição;

14. AJP-3.2 Doutrina Conjunta Aliada para Operações Terrestres;

15. AJP-3.9 Doutrina Conjunta Aliada para a Definição Conjunta de Alvos;

16. Dr. Attila Furjan, The basics of fire support, and combat use and command of the artillery, university notes, uma publicação da NUPS, Budapeste, 2009;

17. Dr. Attila Furjan, Utilização de unidades de artilharia em combate ao nível do Batalhão de Infantaria (Companhia)

18. Doctrine, 1.ª edição, uma publicação das Forças de Defesa Húngaras, Budapeste, 2014.

19. Janos Somogyi, as caraterísticas especiais do apoio de fogo no combate assimétrico, na gestão de crises e nas operações de apoio à paz, notas universitárias, uma publicação da NUPS, Budapeste, 2014;

20. A apresentação: Objetivo comum do HDF, 2012.

Printed by Books on Demand GmbH, Norderstedt / Germany